LA CUISINE

DES

PETITS MÉNAGES

PAR

F. DELAHAYE

Ouvrage contenant 12 figures

PARIS

LIBRAIRIE HACHETTE ET C.ie

79, BOULEVARD SAINT-GERMAIN, 79

LA CUISINE

DES

PETITS MÉNAGES

COULOMMIERS. — TYPOG. PAUL BRODARD.

LA CUISINE

DES

PETITS MÉNAGES

PAR

F. DELAHAYE

Ouvrage contenant 11 figures

PARIS

LIBRAIRIE HACHETTE ET Cie

79, BOULEVARD SAINT-GERMAIN, 79

—

1882

LA CUISINE
DES PETITS MÉNAGES

I

DES POTAGES

Potage au pain.

Le potage au pain se fait communément le jour où l'on a mis le pot-au-feu. Coupez en lames des croûtes de pain, mettez dans la soupière ; au moment de servir, versez le bouillon, couvrez la soupière, et servez à part les légumes qui ont servi à la confection du pot-au-feu, c'est-à-dire carottes, navets et poireaux.

1

Potage au vermicelle.

Blanchissez à l'eau bouillante et salée 100 grammes de vermicelle, deux minutes seulement ; égouttez, rafraîchissez à l'eau froide ; mettez au feu deux litres de bouillon ; lorsqu'il est en ébullition, versez le vermicelle, laissez cuire vingt minutes très doucement, servez.

Potage aux pâtes d'Italie.

Même procédé que pour le potage au vermicelle, même cuisson.

Potage à la grosse semoule de Gênes.

Même procédé que pour le potage au vermicelle, même cuisson.

Potage au macaroni.

Employez pour ce potage le macaroni dit *aiguillettes*. Blanchissez et rafraîchissez 60 grammes de macaroni, et finissez comme il est dit au potage au vermicelle ; donnez quarante minutes de cuisson ; servez à part un petit bol de parmesan râpé.

Nota. — Je dis de blanchir ces différentes pâtes, afin d'enlever une désagréable odeur de farine et aussi pour éviter une écume blanche et trouble qui se forme pendant la cuisson.

Potage au tapioca.

Deux litres de bouillon, trois cuillerées à bouche de tapioca. Mettez le bouillon en ébullition, versez le tapioca en agitant ; laissez cuire pendant dix minutes ; servez. Ce potage se fait également au lait : mêmes proportions et 40 grammes de sucre.

Potage au riz.

Blanchissez à l'eau bouillante et salée 100 grammes de riz pendant cinq minutes, égouttez, rafraîchissez à l'eau froide, égouttez de nouveau, et versez dans deux litres de bouillon en ébullition ; donnez une heure de cuisson très doucement ; servez.

Potage riz au lait.

Même procédé que pour le riz au gras ; mais remplacez le bouillon par du lait et ajoutez 40 grammes de sucre et 10 grammes de sel ; même cuisson.

Potage purée de pois cassés aux croûtons.

Coupez en petites lames un oignon et une carotte de grosseur moyenne, mettez dans une casserole avec un petit morceau de beurre, faites revenir blond, ajoutez un demi-litre de pois cassés bien lavés et égouttés ; mouillez avec deux litres d'eau, salez, faites cuire deux heures ; passez au tamis, remettez dans la casserole, délayez avec de l'eau chaude, donnez la consistance voulue, ajoutez une pincée de cerfeuil haché.

Coupez un bol de petits cubes de pain de mie d'un centimètre cube environ ; mettez dans la poêle un morceau de beurre gros comme un œuf ; faites chauffer à feu vif ; lorsque le beurre est fondu, ajoutez les petits cubes, sautez-les sur le feu jusqu'à ce qu'ils soient bien colorés. Versez le potage dans la soupière et servez les petits croûtons à part.

Nota. — On peut remplacer les croûtons par du riz cuit à l'eau et au beurre. On peut aussi faire ce potage avec des pois nouveaux.

Potage purée de carottes, dit Crécy.

Épluchez et lavez six belles carottes, un moyen navet et un gros oignon, coupez le tout en lames minces, mettez gros comme un œuf de beurre dans une casserole, ajoutez les légumes émincés, faites revenir sur le feu jusqu'à ce que les légumes aient pris une belle couleur ; mouillez avec un litre d'eau, salez ; lorsque les légumes sont cuits, passez-les au tamis, remettez la purée dans la casserole et terminez comme il est dit pour la purée de pois, en supprimant le cerfeuil, et servez à part un petit bol de croûtons. On peut également y ajouter du riz comme pour la purée de pois.

Nota. —Ces deux potages peuvent être faits au gras en remplaçant l'eau par du bouillon.

Potage à l'oseille.

Lavez une petite poignée d'oseille, égouttez, hachez, mettez un morceau de beurre dans une casserole, faites chauffer, ajoutez l'oseille, faites revenir deux minutes, pelez deux pommes de terre, ajoutez-les, mouillez avec un demi-litre d'eau, salez; lorsque les pommes de terre sont cuites, écrasez-les, ajoutez deux litres d'eau, faites bouillir un instant; préparez une liaison ainsi : trois jaunes d'œufs, deux cuillerées à bouche de lait, délayez les jaunes avec le lait, ajoutez un petit morceau de beurre; mettez le pain dans la soupière, versez le bouillon dessus, ajoutez la liaison et servez.

Potage à l'oignon.

Épluchez un gros oignon, coupez-le en lames, mettez dans la casserole gros comme un œuf de beurre, faites revenir blond, ajoutez une cuillerée à bouche de farine, continuez à faire revenir quelques minutes, ajoutez deux litres d'eau, du sel, laissez bouillir un quart d'heure; mettez le pain dans la soupière, versez le bouillon en vous servant d'une passoire, pour enlever les morceaux d'oignon.

On peut y ajouter quelques cuillerées à bouche de gruyère ou de parmesan râpé.

Soupe aux choux maigre.

Prenez un chou nouveau, moyen, deux grosses pommes de terre, six carottes nouvelles, un navet, deux poireaux; versez dans une casserole quatre litres d'eau en ébullition, ajoutez les légumes grossièrement coupés, salez; laissez cuire doucement trois heures, ajoutez un petit morceau de beurre, mettez le pain dans la soupière, versez le bouillon et servez, en ajoutant quelques parties des légumes.

Soupe aux choux grasse.

Prenez une livre de lard de poitrine salé, une livre de poitrine de mouton, lavez le lard, ficelez la poitrine ; mettez dans quatre litres d'eau froide, faites partir en ébullition, écumez comme un pot-au-feu, mettez les légumes comme il est indiqué plus haut (voyez l'article précédent), laissez cuire trois heures, enlevez les viandes et les légumes et servez-vous du bouillon pour tremper le potage.

Julienne maigre.

Ayez deux moyennes carottes, un navet, un poireau, le quart d'un petit chou frisé, six feuilles d'oseille, quelques feuilles de cerfeuil. Coupez carottes, navet, poireau et chou en petits filets ; mettez trente grammes de beurre dans une casserole, faites chauffer, ajoutez les légumes, un peu de sel, une prise de sucre en poudre, faites revenir de belle couleur, mouillez avec deux litres d'eau ; au premier bouillon, ajoutez l'oseille coupée et les feuilles de cerfeuil ; faites mijoter une heure, salez de nouveau si c'est nécessaire, versez dans la soupière.

La julienne grasse se fait de même, en remplaçant l'eau par du bouillon ; à l'une comme à l'autre on peut ajouter quelques cuillerées de petits pois et haricots verts coupés et bien blanchis ; on peut aussi y ajouter du riz cuit à l'eau avec un peu de beurre pour la julienne maigre et cuit au bouillon pour la julienne grasse.

Panade.

La croûte du pain est la partie qui convient le mieux pour la panade ; soit : une livre de croûtes, trois litres d'eau froide, un petit morceau de beurre, salez ; mettez au feu, laissez cuire une demi-heure, faites une liaison de quatre jaunes d'œufs et un petit morceau de beurre, comme il est dit au potage à l'oseille, incorporez le tout, versez dans la soupière, servez.

Tous ces potages sont indiqués pour cinq personnes.

Bouillon aux herbes pour malades.

Deux petites carottes, deux poireaux moyens, quatre feuilles de laitue, huit feuilles d'oseille, deux litres d'eau, gros comme une noisette de beurre, deux ou trois branches de cerfeuil. Mettez le tout dans une casserole, laissez cuire un quart d'heure, passez à la passoire et réservez pour le besoin ; ce bouillon se boit tiède.

II

DES SAUCES

Sauce brune dite sauce espagnole.

Ayez une casserole à fond épais, de la contenance de cinq litres ; beurrez le fond, ajoutez deux oignons et une grosse carotte, le tout coupé en lames ; mettez dessus quatre livres de gîte de bœuf et jarret de veau divisés par moitié et coupés en morceaux, quelques petites parures de viande si l'on en a, un peu de sel, mettez à feu vif, surveillez attentivement ; lorsque la graisse rendue par l'ébullition est devenue claire, retirez du feu, ajoutez un bouquet garni, c'est-à-dire une pincée de branches de persil dans lesquelles on enveloppe une feuille de laurier et une petite branche de thym ; piquez un oignon de six clous de girofle, ajoutez-le, ainsi que douze à quinze graines de poivre noir ; mouillez avec quatre litres de bouillon, laissez cuire trois heures, faites dans une autre casserole un roux avec 60 grammes de beurre, deux bonnes cuillerées à bouche de farine de première qualité ; passez et dégraissez le jus, mouillez votre roux par petites parties à la fois pour éviter les grumeaux, laissez cuire une heure sur le coin du fourneau et très doucement ; enlevez la graisse qui doit se former, et ensuite passez dans une terrine, pour servir au besoin.

Observation. — Dans bien des ménages, on ne pourra certainement pas avoir toujours de la sauce espagnole à sa disposition ; on pourra y suppléer par un petit roux mouillé avec du bouillon, mais il ne faudra pas en attendre les qualités de la sauce espagnole.

Sauce blanche dite allemande.

Ayez trois livres de débris de veau, tels que jarrets, parures de côtelettes, de fricandeau ou autres, divisés par petits morceaux ; mettez dans une casserole, mouillez avec quatre litres d'eau, ajoutez sel, un bouquet garni comme il est dit à l'article précédent ; piquez un oignon de six clous de girofle, mettez à feu vif, écumez bien, ajoutez une grosse carotte coupée en cinq ou six morceaux, laissez cuire deux heures ; passez et dégraissez ; faites un roux blanc avec 60 grammes de beurre, deux fortes cuillerées à bouche de farine ; délayez avec le jus ; laissez dépouiller une heure sur le coin du fourneau, en faisant bouillir très doucement ; dégraissez et passez dans une terrine pour servir au besoin.

Observation. — Ce n'est pas là la véritable allemande que l'on fait dans les grandes cuisines ; mais dans bien des cas elle pourra la suppléer, sinon la remplacer.

Sauce piquante.

Coupez en tranches un oignon, mettez dans une petite casserole avec deux cuillerées à bouche de bon vinaigre, mettez à feu vif ; lorsque le vinaigre est absorbé et qu'il commence à brûler, ajoutez six à huit cuillerées de sauce espagnole, laissez cuire un quart d'heure, passez dans une autre casserole, ajoutez une cuillerée à bouche de cornichons hachés et une demi-cuillerée de persil également haché ; poivre et sel selon le goût.

Sauce poivrade.

Coupez en petits morceaux une moyenne carotte, un oignon, un quart de jambon cru fumé, quelques branches de persil ; mettez au feu dans une casserole avec un petit morceau de beurre, faites revenir blond, mouillez avec quatre cuillerées de vinaigre et autant de bouillon, laissez cuire un quart d'heure, ajoutez six cuillerées à bouche d'espagnole, quelques grains de poivre, trois clous de girofle ; faites faire encore quelques bouillons, passez et réservez.

Sauce italienne.

Épluchez, hachez très fin deux moyennes échalottes, mettez-les dans une petite casserole avec un petit morceau de beurre ; faites revenir blond, ajoutez deux cuillerées de pelures de champignons hachées ; faites mijoter cinq minutes ; ajoutez quatre fortes cuillerées de sauce espagnole et deux de jus, faites encore mijoter cinq minutes, ajoutez une cuillerée de cornichons et une demi-cuillerée de persil hachés très fin; sel et poivre.

Sauce madère.

Ayez huit à dix cuillerées de sauce espagnole, un demi-verre de madère, mettez sur le feu, faites réduire cinq minutes sur le feu en tournant avec la cuillère de bois ; passez et réservez.

Sauce béchamelle maigre.

Coupez en dés un oignon moyen, passez au feu avec quarante grammes de beurre ; lorsqu'il est blond, ajoutez deux cuillerées à bouche de farine ; faites revenir un instant, ajoutez un demi-litre de lait, une prise de muscade, sel et poivre, laissez cuire une demi-heure, passez et réservez.

Sauce au beurre, vulgairement sauce blanche.

Mettez dans une casserole soixante grammes de beurre, deux cuillerées à bouche de farine, du sel ; travaillez avec la cuillère de bois de manière à faire une pâte bien lisse ; mettez sur le feu avec un peu moins d'un demi-litre d'eau froide, tournez, laissez bouillir deux minutes, incorporez quarante grammes de beurre en deux parties, en tournant toujours ; cette sauce ne doit plus bouillir.

Sauce béarnaise.

Mettez dans une casserole deux jaunes d'œufs sans blancs ni germes, gros comme une noisette de beurre ; mettez sur un feu très doux, tournez sans arrêter et partout ; lorsque les jaunes commencent à devenir épais, ajoutez vingt grammes de beurre, tournez de nouveau ; répétez encore deux fois cette opération, en ayant soin de n'ajouter du beurre que lorsque l'autre morceau est fondu, salez et poivrez, ajoutez une cuillerée à café de vinaigre à l'estragon et le jus d'une petite échalotte (on peut y ajouter aussi une petite pointe d'ail, selon le goût).

Sauce mayonnaise.

Mettez dans une petite terrine un jaune d'œuf, une pincée de sel, tournez avec la cuillère de bois deux ou trois secondes, ayez un quart de litre d'huile d'olive dans un petit pot, versez par gouttes à la fois pour commencer, en mettant aussi de temps en temps quelques gouttes de vinaigre, en tournant sans arrêter jusqu'à l'entière absorption de l'huile; cette sauce doit être épaisse et très onctueuse.

Nota. — En y ajoutant une cuillerée à café de fines herbes hachées, autant de cornichons, de câpres également hachés, deux cuillerées à café de moutarde, on aura la sauce dite tartare.

Sauce tomate.

Ayez douze tomates, coupez-les en deux, pressez chaque morceau avec la main pour en faire tomber les semences, mettez-les à mesure dans une casserole, ajoutez une petite carotte et un oignon coupés en lames, une demi-feuille de laurier, un demi-litre de bouillon ou à défaut un demi-litre d'eau, du sel; mettez au feu, laissez cuire une heure, passez au tamis, recueillez la purée, faites un petit roux avec quinze grammes de beurre, une petite cuillerée à bouche de farine; lorsque le roux est fait, ajoutez trois ou quatre cuillerées à bouche de bouillon et la purée de tomates, un petit morceau de sucre; cuisez un quart d'heure, dégraissez et enlevez la peau; goûtez pour l'assaisonnement, réservez; cette sauce peut être faite d'avance, la chauffer au moment.

Sauce hollandaise.

Mettez dans une casserole quatre cuillérées de bon vinaigre, une pincée de sel, une prise de poivre, faites réduire sur le feu jusqu'à ce qu'il n'en reste plus qu'une cuillerée à café, retirez du feu, ajoutez deux cuillerées d'eau froide, quatre jaunes d'œufs, remettez sur le feu, faites prendre en ayant soin de bien remuer partout et vivement ; lorsque l'appareil est devenu épais, ajoutez vingt grammes de beurre, en remuant toujours ; cette première partie étant fondue, remettez vingt grammes de beurre et ainsi de suite, jusqu'à ce que vous en ayez incorporé cent grammes, en ayant soin de n'ajouter du beurre que lorsque la partie précédente est entièrement fondue ; ajoutez le jus d'un citron ; si la sauce était trop épaisse, il faudrait y ajouter une demi-cuillerée d'eau froide, goûtez et réservez.

Crème anglaise pour sauce d'entremets.

Mettez dans une terrine six jaunes d'œufs avec cent grammes de sucre en poudre, travaillez avec la cuillère de bois ; délayez avec un demi-

2

litre de lait chaud ; remettez sur le feu, faites prendre à feu doux et évitez bien l'ébullition ; lorsque la crème est arrivée à la consistance convenable, passez dans une autre casserole si on doit la servir chaude et dans une terrine si elle doit refroidir.

On peut l'aromatiser avec vanille, rhum, kirsch, fleur d'oranger, etc., mais on ne devra mettre les parfums liquides qu'après la cuisson.

III

DU BŒUF

Le pot-au-feu.

Ayez une marmite de la contenance de cinq litres, deux livres de bœuf, deux moyennes carottes, un navet, trois poireaux. Mettez l'eau et le bœuf dans la marmite, salez, mettez en ébullition ; enlevez l'écume à cinq ou six reprises, mettez de temps en temps quelques cuillerées d'eau froide ; enfin, lorsque le bouillon est clair, ajoutez les carottes et navets épluchés et fendus en deux, puis les poireaux coupés en deux et liés, et donnez quatre à cinq heures de cuisson.

Nota. — Les viandes maigres, telles que *gîte à la noix*, *tranche*, font le meilleur bouillon ; les viandes telles que *culotte*, *bavette d'aloyau*, *poitrine*, sont meilleures à manger, mais font le bouillon moins nutritif à quan-

tités égales. Je proscris absolument les viandes
rassises.

Observation. — On peut accompagner le
bouilli des sauces piquante, tomate ; des garnitures de choux, de choucroute, de croquettes de pommes de terre, de duchesses, etc.
(voyez ces articles).

Bouilli au gratin.

Coupez le bouilli en tranches et rangez-les
dans un plat allant au feu ; crouvrez-le d'une
sauce piquante (voyez *Sauce piquante*), saupoudrez d'un peu de chapelure, passez au four
dix minutes ; servez.

Bouilli en hachis.

Un kilo cinq cents de bouilli, ôtez le gras,
les peaux et les nerfs, hachez très fin, faites un
roux avec soixante grammes de beurre, deux
cuillerées à bouche de farine, mouillez avec
deux décilitres de bouillon ; faites faire quelques bouillons, mettez-y le bœuf haché, mêlez
bien, ajoutez deux échalottes hachées et une
cuillerée à bouche de persil également haché,
sel, poivre, une prise de muscade ; chauffez
bien sans bouillir.

Les hachis de veau, de mouton se font de même; on peut même réunir ces trois espèces de viande, et le hachis n'en sera que meilleur.

Croquettes de bouilli.

Préparez un hachis de bœuf commeil est dit à l'article précédent, versez sur un plat,

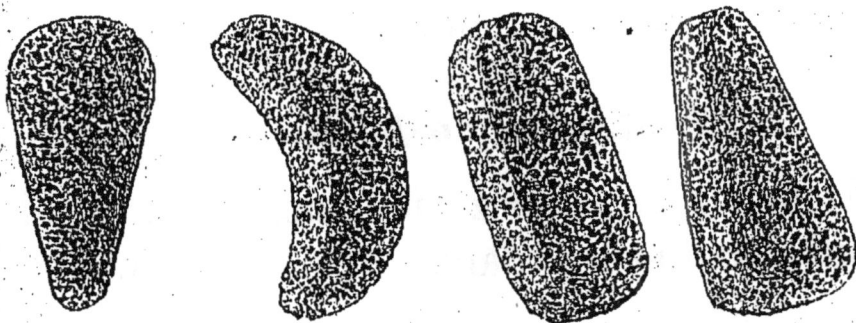

GILBERT

Croquettes de bouilli.

laissez refroidir, prenez des parties avec une cuillère à peu près pleine, mettez sur une table farinée, roulez ces parties séparément de manière à avoir des cylindres de deux centimètres d'épaisseur sur six à sept de long. D'un autre côté, faites fondre trente grammes de beurre, battez dans un bol un œuf entier; versez-y le beurre fondu; mêlez bien, trempez les croquettes et roulez-les immédiatement dans de la mie de pain ; au moment de servir, plongez-les dans la friture bien chaude et garnissez de persil frit.

On peut leur donner l'une ou l'autre des formes indiquées par la gravure ou même absolument rondes.

On peut aussi verser dessous une sauce piquante (voyez cet article).

Miroton de bouilli.

Épluchez et coupez en lames six gros oignons, mettez-les dans une casserole avec deux fortes cuillerées de bonne graisse, sel et poivre ; faites revenir doucement jusqu'à ce que les oignons soient bien fondus ; ajoutez une cuillerée de farine ; faites cuire cinq minutes, ajoutez vingt-cinq centilitres de bouillon. Laissez mijoter une demi-heure ; coupez le bouilli en tranches, mettez ces tranches sur les oignons pour chauffer ; au moment de servir, dressez les tranches en couronne sur le plat et versez les oignons au milieu.

Bouilli en salade.

Otez les peaux, les nerfs et le gras, coupez

en petits dés; mettez dans un saladier avec cerfeuil, estragon hachés; assaisonnez avec sel, poivre, huile, vinaigre, deux cuillerées à bouche de bouillon.

Bœuf à la mode chaud.

Ayez deux kilos de bœuf dit pièce ronde, lardez de gros lardons, ficelez, faites revenir dans une casserole avec un petit morceau de beurre; lorsqu'il est revenu de tous les côtés, ajoutez : un bouquet de persil garni, une vingtaine de petites carottes, un petit verre d'eau-de-vie et du bouillon de façon à le couvrir entièrement, sel et muscade; laissez mijoter quatre heures; une heure avant de servir, mettez-y une douzaine de petits oignons; la cuisson étant terminée, posez le bœuf sur plat, égouttez vos légumes, mettez-les autour, dégraissez parfaitement et réduisez le jus de moitié; servez.

Bœuf à la mode froid.

Procédez de la même manière que le précédent et ajoutez un pied de veau coupé en six parties et blanchi cinq minutes à l'eau bouillante ; la cuisson terminée, mettez le bœuf dans une terrine, ajoutez les carottes et le jus bien dégraissé ; laissez prendre au frais ; au moment de servir, renversez la terrine sur un plat.

Côte de bœuf braisée.

Ayez une côte de bœuf de deux kilos, faites scier l'échine et ficeler serré ; mettez-la dans une casserole qui la contienne très juste, ajoutez le bouillon nécessaire pour la couvrir, deux gros oignons, dont un piqué de quatre clous de girofle, un bouquet garni, deux moyennes carottes coupées en grosses tranches, six grains de poivre, un petit verre d'eau-de-vie, sel et poivre ; mettez en ébullition et faites mijoter deux heures à casserole couverte. Enlevez la côte, passez le jus, dégraissez et faites-le réduire de moitié, mettez la côte sur plat et arrosez avec le jus.

La côte ainsi préparée s'accommode très bien des garnitures du bœuf, telles que macaroni, choux, etc. (voyez ces articles).

Filet de bœuf braisé.

Préparez un morceau de filet de bœuf de deux kilos, comme pour rôtir (voyez *Filet rôti*), foncez une braisière avec carottes et oignons coupés en lames, débris de lard, trois clous de girofle, dix grains de poivre, posez le filet, le piqué en dessus, faites suer à feu vif, évitez de brûler, mouillez avec un litre de jus, un verre de madère, sel ; faites mijoter une heure et demie, égouttez le filet, passez et dégraissez le jus, réduisez-le de moitié, mettez le filet sur plat et arrosez avec le jus.

Nota. — Ainsi préparé, le filet peut être accompagné de financière, macaroni, nouilles, champignons, cèpes, fonds d'artichauts, macédoine de légumes, sauce madère, purée de tomates, sauce béarnaise, etc. (voyez ces articles).

Des rôtis de bœuf.

Les morceaux employés pour rôtir sont l'aloyau, la côte, le roomsteeck, le contrefilet, et enfin le filet, le meilleur des quatre, mais aussi de beaucoup le plus cher; ici, c'est le contraire du bouilli, on aura soin de prendre des viandes rassises.

Aloyau rôti.

Pour un aloyau de deux kilos cinq cents, il faut deux heures de cuisson à la broche à feu entretenu; si on le fait au four, on aura soin de l'envelopper d'un papier beurré; même durée de cuisson; mais, la cuisson terminée, on devra ajouter une cuillerée de bouillon dans le plat pour en détacher la glace qui s'y est formée, dégraissez ensuite et servez; on devra sans exception saupoudrer de sel fin tous les rôtis en débrochant.

Observation. — L'opération est la même pour les côtes et roomsteeck de poids égal.

Filet de bœuf rôti.

Le filet a besoin d'être piqué de lard fin, ou tout au moins d'être recouvert de bardes de lard; cette viande, étant maigre, dessèche et durcit à la cuisson; pour un kilo de filet, vingt-cinq minutes de cuisson, ou au four ou à la broche; on peut garnir les rôtis de bœuf de pommes de terre : sautées, duchesses, croquettes (voyez ces articles), ou simplement de légumes cuits à l'eau salée et parfaitement égouttés.

On peut aussi faire des rôtis avec le contre-filet; mais on devra choisir ce morceau gras et épais et surtout bien enveloppé de sa peau; pour deux kilos, quarante minutes de cuisson.

Entrecôte grillée maître d'hôtel.

Ayez une entrecôte de quatre cents grammes, trempez-la dans un peu de beurre fondu, salez et poivrez, mettez sur le gril à feu doux, donnez dix minutes de cuisson, cinq minutes pour chaque côté; mettez sur le plat vingt grammes de beurre, une cuillerée à café de persil haché, un filet de citron; mêlez le tout avec une fourchette, posez l'entrecôte dessus, servez. On peut y ajouter des pommes de terre frites ou sautées, du cresson.

Bifteck de contrefilet.

Le bifteck de contrefilet se fait absolument de même; on emploie aussi les mêmes garnitures; on peut encore mettre dessous une sauce béarnaise ou une sauce tomate (voyez ces articles).

Bifteck de filet.

La manière de le faire est la même que le précédent; on peut y ajouter comme garniture : pommes de terre sautées ou frites, cresson, sauces béarnaise, tomate, madère, espagnole, ou des champignons (voyez ces articles).

Langue de bœuf sauce piquante.

Ayez une langue de bœuf, ôtez les fagoues et cornet, faites tremper deux heures à eau froide, lavez bien, mettez dans une petite marmite avec quatre litres d'eau, sel, faites écumer; garnissez de légumes comme un pot-au-feu, faites mijoter quatre heures, égouttez la langue; dépouillez-la de sa peau, mettez sur plat avec sauce piquante (voyez cet article).

Nota. — On peut se servir de ce bouillon pour un certain nombre de potages dans lesquels on emploie le bouillon pour les étendre.

IV

DU VEAU

Veau à la bourgeoise chaud.

Ayez un quasi de veau de deux kilos désossé, ficelé; faites revenir au feu comme il est dit pour le bœuf à la mode; ajoutez bouquet de persil garni, une vingtaine de petites carottes, une douzaine de petits oignons, sel, poivre, une prise de muscade, mouillez à moitié avec du bouillon, laissez mijoter deux heures, mettez le veau sur le plat, ajoutez les carottes et oignons, dégraissez le jus, versez dessus et servez.

Veau à la bourgeoise froid.

Procédez exactement comme pour le bœuf à la mode froid, et donnez la cuisson indiquée à l'article précédent.

Observation. — Pour toutes les cuissons un peu longues où il doit entrer des oignons, ne les mettre que le temps nécessaire à leur cuisson, au plus trois quarts d'heure.

Blanquette de veau.

Ayez un kilo cinq cents de poitrine de veau coupée en morceaux; mettez dans une casserole avec assez d'eau froide pour que les morceaux baignent; faites partir à feu vif, écumez bien à plusieurs reprises, ajoutez sel, bouquet garni, un oignon piqué de quatre clous de girofle, une grosse carotte coupée en morceaux; laissez cuire une heure et demie; faites un roux blanc avec quarante grammes de beurre et trente de farine, mouillez avec la cuisson, enlevez les morceaux de carotte, oignon et bouquet; nettoyez la casserole, remettez les morceaux, versez la sauce dessus, laissez mijoter un quart d'heure; dressez les morceaux sur le plat, liez la sauce avec deux jaunes d'œufs, une cuillerée de lait et un petit morceau de beurre, versez sur les morceaux. On peut y ajouter champignons et petits oignons blanchis et cuits à part.

Ragoût de veau,

Ayez un kilo cinq cents grammes de poitrine de veau, mettez dans une casserole trois cuillerées à bouche de graisse clarifiée, faites chauffer, mettez la poitrine coupée en morceaux, faites revenir d'un beau blond, ajoutez deux cuillerées de farine, faites prendre couleur, mouillez avec un litre et demi d'eau ; ajoutez bouquet de persil garni, une vingtaine de petites carottes, six petits oignons, sel, poivre ; laissez cuire deux heures ; lorsque l'on veut y mettre des pommes de terre, on les ajoute trois quarts d'heure avant de servir. Dégraisser avec soin.

Côtelettes de veau à la bouchère.

Ayez quatre côtelettes de veau, faites-les revenir des deux côtés au beurre ; ajoutez trois cuillerées à bouche de sauce espagnole (voyez cet article) et un demi-litre de bouillon, sel ; faites bouillir à feu vif pendant vingt minutes, enlevez les côtelettes, dégraissez, ajoutez une cuillerée à café de persil haché, faites faire un bouillon, servez.

Côtelettes de veau panées.

On prend des côtelettes d'épaisseur un peu moindre que celles que l'on prend d'ordinaire ; les tremper dans du beurre fondu tiède et à mesure dans de la mie de pain, les faire griller à feux doux pendant un quart d'heure.

Croquettes de veau.

Voyez *Croquettes de bœuf.*

Côtelette de veau en papillote.

Ayez une demi-feuille de papier d'office,

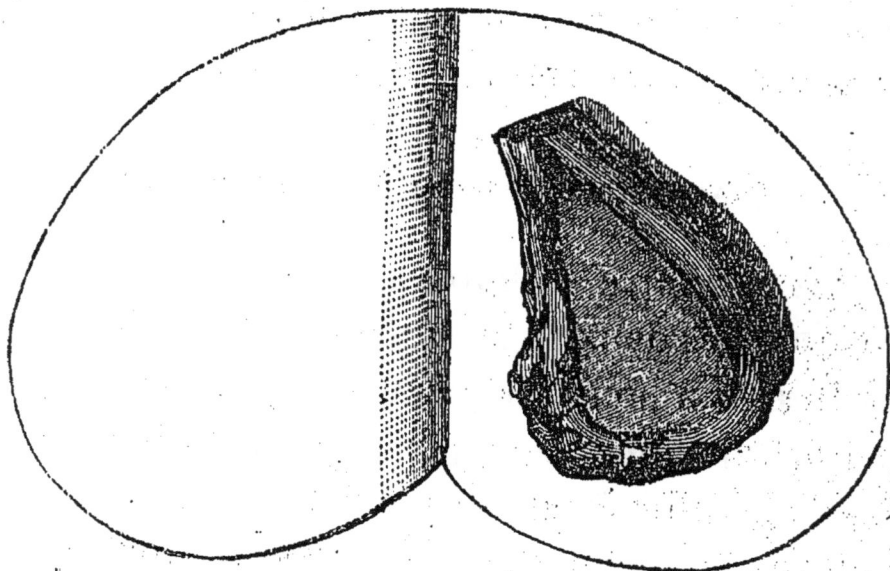

Côtelette de veau en papillote.

pliez-la en deux dans le sens de la longueur,

arrondissez les angles ; ouvrez-la, mettez à l'intérieur une cuillerée à bouche de bonne huile
d'olive, répandez un peu partout, sauf près des
bords ; mettez sur une des faces huilées et au milieu deux cuillerées de mie de pain, une de champignons hachés, une demi-cuillerée de persil
haché, une petite barde de lard, un petit morceau de beurre ; posez dessus une côtelette de

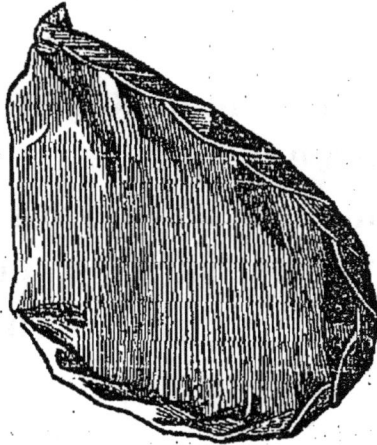

Côtelette de veau en papillote.

veau de deux centimètres d'épaisseur, préala-
blement salée et poivrée; faites la même opération en dessus, rabattez la demi-feuille, re-
joignez les deux bords et plissez-les l'un sur
l'autre pour les fixer, mettez sur le gril un
quart d'heure de chaque côté pour la cuisson ;
si la braise était trop ardente, il faudrait la

couvrir d'un peu de cendre pour ne pas brûler le papier.

On peut aussi les cuire en les mettant vingt minutes au four assez chaud pour rôtir.

Fricandeau.

Ayez une tranche de rouelle de veau de trois centimètres d'épaisseur, énervez bien et piquez de lard fin ; beurrez une casserole qui la contienne juste, et foncez-la avec oignons et carottes coupés en lames, ajoutez les petits bouts de lard et couenne, posez le fricandeau, bouchez les vides avec les parures, posez sur feu vif et laissez suer jusqu'à la coloration des légumes au fond de la casserole, mouillez avec du bouillon jusqu'au milieu de sa hauteur, couvrez d'un papier beurré, faites mijoter deux heures avec feu dessus. Égouttez le fricandeau, passez et dégraissez le jus, réduisez-le de moitié, mettez le fricandeau sur plat et arrosez-le avec le jus.

La chicorée, oseille, épinards, purée de tomates, etc., lui conviennent comme garniture (voyez ces articles).

Escalopes de veau.

Ayez six escalopes; salez et poivrez-les légèrement de chaque côté, faites chauffer un
petit morceau de beurre dans un plat à sauter
ou à défaut dans la poêle; lorsque le beurre
est chaud, mettez-y les escalopes et faites revenir très vivement; au bout de deux ou trois
minutes, ajoutez deux cuillerées à bouche de
sauce espagnole, une demi-cuillerée de persil
haché, une cuillerée de vin blanc; faites bouillir deux minutes, servez en couronne et arrosez avec la sauce.

Cette opération doit être conduite assez vite
pour être faite en huit minutes au plus.

Rôtis de veau.

On prend pour rôtir la longe avec ou sans
le rognon, le quasi, le carré. Soit un morceau
de deux kilos, une heure et demie de cuisson.
Si on le met au four, l'envelopper de papier
beurré; quand la cuisson est achevée, mettre
un peu d'eau ou mieux de bouillon pour détacher la glace qui s'est formée au fond du plat,
la verser sur le rôti au moment de servir.

Tête de veau au naturel.

Je suppose une demi-tête de veau avec langue et sans cervelle; coupez-la en morceaux égaux, faites-les bien dégorger à l'eau froide; mettez sur le feu un chaudron d'eau salée, faites bouillir, plongez les morceaux, remuez avec l'écumoire, laissez faire un bouillon et rafraîchissez, c'est-à-dire enlevez les morceaux et plongez-les à mesure dans de l'eau fraîche; remettez-les dans une casserole avec de l'eau froide, un demi-verre de vinaigre, sel, un oignon piqué de six clous de girofle, une grosse carotte coupée en tranches, un bouquet garni; faites cuire quatre heures, égouttez les morceaux sur une serviette, dressez sur le plat.

Mettez dans une saucière deux cuillerées à bouche d'huile d'olive, une pincée de sel, une prise de poivre, une cuillerée à bouche de vinaigre et un peu de persil haché; ajoutez un peu de la cuisson chaude de la tête de veau, remuez et servez.

Nota. — On peut y ajouter une cuillerée à café d'échalottes hachées.

Tête de veau frite.

Cuisez une demi-tête de veau comme il est dit à l'article précédent ; égouttez les morceaux, trempez-les dans une pâte à frire (voyez *Pâte à frire*), plongez à mesure dans de la friture, bien chaude, faites frire de belle couleur, saupoudrez les morceaux de sel fin, ajoutez une poignée de persil frit.

Foie de veau sauté à l'italienne.

Coupez des tranches de foie de veau d'un demi-centimètre d'épaisseur, soit cinq tranches ; mettez trente grammes de beurre dans la poêle, faites chauffer, mettez-y les tranches de foie, faites marcher vivement pendant cinq minutes, retournez les tranches, continuez ainsi cinq minutes ; ajoutez sel, poivre, une cuillerée de persil haché, le jus d'un citron ; dressez les morceaux sur plat et arrosez avec la sauce.

Foie de veau à la bourgeoise.

Prenez un morceau de foie de veau de deux livres, lardez-le de gros lardons, faites-le revenir de tous les côtés avec beurre, sel, poivre ; ajoutez une douzaine de petites carottes, autant de petits oignons, un bouquet garni, un verre de vin rouge, autant de bouillon, faites mijoter une heure, dégraissez et servez les légumes autour.

Foie de veau à la ménagère.

Ayez une livre de foie de veau coupé en tranches d'un demi-centimètre d'épaisseur, mettez dans la poêle quarante grammes de beurre, chauffez, étendez-y les tranches de foie, poussez à feu vif et faites revenir des deux côtés en saupoudrant de sel et poivre ; lorsque les tranches sont cuites, dressez-les sur plat, tenez au chaud, remettez la poêle sur le feu, ajoutez une faible cuillerée de farine, remuez deux minutes sur le coin du fourneau, mouillez avec un demi-verre de vin blanc et un demi-verre de bouillon, ajoutez une cuillerée à café d'échalottes et une de persil, le tout haché très fin ; faites bouillir une minute à grand feu et versez sur les tranches.

Ris de veau au jus.

Ayez un ris de veau, faites-le dégorger six heures à eau froide, en la changeant plusieurs fois ; séparez-les, enlevez les petites peaux et le cornet, mettez-les à eau froide et salée, qu'ils baignent largement ; faites faire un bouillon en les tenant bien submergés, mettez-les dans une terrine d'eau froide, laissez refroidir, égouttez, essuyez-les et piquez de lard fin, foncez une casserole qui les contienne juste, avec lames d'oignons et carottes, quelques râpures de lard ; posez les ris dessus, saupoudrez de sel fin, poussez à feu vif ; lorsque les légumes sont colorés, ajoutez du bouillon pour les mouiller à moitié, couvrez d'un papier beurré, mettez au four ou avec du feu sur le couvercle, laissez mijoter et colorer pendant une demi-heure ; égouttez, nettoyez les légumes qui pourraient être attachés aux ris, passez le jus, dégraissez et faites réduire de moitié ; mettez les ris sur plat et arrosez avec le jus.

Observation. — On peut accompagner les ris ainsi préparés avec purée d'oseille, chicorée, sauce tomate, financière, etc. (voyez ces articles).

Cervelle de veau sauce italienne.

Faites dégorger une cervelle de veau, enlevez la peau sanguinolente qui l'enveloppe, mettez dans une casserole avec eau froide, sel, une cuillerée de vinaigre, une feuille de laurier ; faites faire un bouillon, retirez du feu, égouttez la cervelle sur un linge, mettez sur plat et arrosez d'une sauce italienne (voyez cet article).

Rognon de veau sauté.

Coupez un rognon en quatre morceaux dans la longueur, émincez et procédez comme pour le rognon de mouton (voyez cet article).

V

DU MOUTON

Gigot braisé.

Ayez un gigot de cinq livres, faites désosser le quasi et raccourcir le manche, ficelez, garnissez le fond d'une casserole de lames de carottes et d'oignons, posez le gigot dessus, salez, poivrez, ajoutez un bouquet garni, mettez une cuillerée de graisse ou beurre, poussez à feu vif ; lorsque la glace est formée, ajoutez six verres de bouillon, un petit verre d'eau-de-vie ; laissez mijoter quatre heures, enlevez le gigot, passez le fond, dégraissez-le bien et réduisez-le au besoin s'il était trop abondant, en tenant compte de la cuisson ; servez. — On peut y ajouter les garnitures suivantes : purée de tomates, purée de lentilles, haricots blancs, haricots verts, oignons glacés, navets, chicorée, épinards, salsifis, etc. (voyez ces articles).

Épaule de mouton braisée.

Faites désosser et ficeler une épaule de mouton, procédez comme pour le gigot (voyez article précédent) et donnez trois heures de cuisson. Les mêmes garnitures lui conviennent.

Épaule de mouton farcie.

Ayez une épaule de mouton désossée, et

Épaule de mouton désossée.

surtout que la peau ne soit pas crevée; mettez-la sur table, ouvrez les parties où se trouvaient les os, saupoudrez de sel fin, poivre et une

prise de muscade ; ajoutez-y une farce ainsi
faite : cent grammes de lard gras frais, cent
grammes de viande maigre de porc prise soit
dans le filet, soit dans la sous-noix de jambon,
sel et poivre, une cuillerée à café de persil
haché ; hachez très fin, posez la farce sur
l'épaule, ramenez les bords sur le centre
pour former une boule, ou un rouleau comme

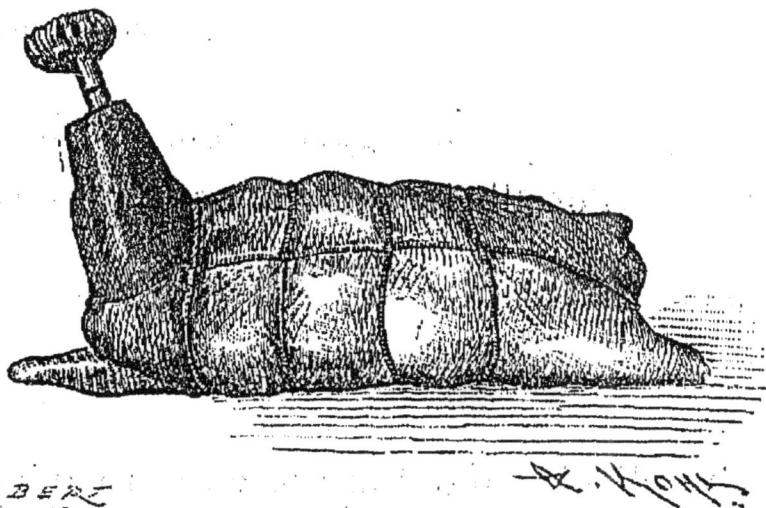

GILBERT

Épaule de mouton parée.

sur la gravure, et bien envelopper la farce,
ficelez, mettez dans une casserole avec un petit
morceau de beurre, faites revenir de tous les
côtés, mais doucement, mouillez avec du bouillon à moitié de la hauteur de l'épaule, ajoutez
deux petits verres d'eau-de-vie, un bouquet

garni, un oignon piqué de quatre clous de girofle, une vingtaine de petites carottes tournées ; faites partir en ébullition et faites mijoter deux heures ; une demi-heure avant de servir, mettez la casserole au four ou avec feu sur le couvercle pour faire glacer, en ayant soin d'arroser l'épaule de temps en temps. Égouttez l'épaule, passez et dégraissez le jus, faites-le réduire de moitié, déficelez et dressez l'épaule sur plat, mettez les carottes autour et arrosez avec le jus.

Les navets glacés, les oignons glacés, la chicorée, l'oseille lui conviennent aussi comme garniture (voyez ces articles).

Ragoût de mouton.

Le collet de mouton est ce qui convient le mieux ; il a sur la poitrine l'avantage d'être moins gras et plus charnu ; il est d'ailleurs de même prix.

Ayez un kilo de collet coupé en morceaux, mettez deux cuillerées à bouche de graisse dans une casserole, faites chauffer, mettez les morceaux, faites bien revenir, ajoutez deux cuillerées à bouche de farine, faites roussir, mouil-

lez avce un litre d'eau (du bouillon vaudrait
mieux), ajoutez un bouquet garni, six oignons
moyens, douze petites carottes, sel, poivre ;
donnez deux heures de cuisson ; une demi-
heure avant de servir, ajoutez-y deux douzaines
de petites pommes de terre, dégraissez et
servez.

Nota. — A la place des pommes de terre,
on peut y ajouter des navets ainsi préparés :
coupez une quinzaine de morceaux de navets
gros comme un œuf de pigeon, mettez dans
une poêle un petit morceau de beurre, chauffez,
mettez les navets et deux pincées de sucre en
poudre, sautez à feu très vif jusqu'à ce qu'ils
soient bien colorés, ajoutez au ragoût, laissez
cuire une petite heure.

Côtelettes de mouton grillées.

Ayez des côtelettes, salez et poivrez, trempez-
les dans un peu de beurre fondu, mettez sur le
gril à feu doux, donnez quatre minutes de cuisson de chaque côté.

On peut y ajouter comme garniture : purée
de pommes de terre, pommes de terre frites,
pommes de terre sautées ou à la maître d'hô-

tel, purée de marrons, épinards, chicorée, etc.
(voyez ces articles).

Côtelettes panées grillées.

Ayez des côtelettes, salez et poivrez, trempez-les dans un peu de beurre fondu et immédiatement dans de la mie de pain, et procédez
pour la cuisson comme il est dit à l'article précédent.

Poitrine de mouton panée grillée.

Ayez une poitrine de mouton, coupez les
deux coins et un peu la partie arrondie du
côté opposé aux côtelettes, salez, poivrez, coupez en deux parties égales, mettez-les l'une
sur l'autre, ficelez et cuisez pendant deux
heures, soit dans le jus, soit dans la marmite
lorsque le bouillon est destiné au courant
ordinaire du service; lorsque la poitrine est
cuite, égouttez-la, enlevez les os sans exception, saupoudrez de sel, poivre, une prise de
muscade; mettez sur un plafond, un couvercle
et un poids par-dessus, et laissez refroidir.
Coupez ensuite en rectangles longs de huit
centimètres et larges de quatre, trempez-les

dans la panure à l'anglaise et immédiatement
dans la mie de pain, et ensuite grillez-les à feu
très doux; on peut les accompagner de : purée
de pommes de terre, chicorée, oseille, ou jus
réduit, etc. (voyez ces articles).

Émincé de mouton.

On se sert de restes de gigot rôti ayant encore une forme présentable. Parez les morceaux, donnez-leur à peu près la même épaisseur, chauffez-les sans bouillir dans une sauce
piquante (voyez *Sauce piquante*), dressez en
buisson sur le plat, arrosez avec la sauce.

Croquettes de mouton.

Procédez comme pour les croquettes de
bœuf bouilli (voyez *Croquettes de bœuf
bouilli*).

Hachis de mouton.

Procédez comme pour le bouilli en hachis
(voyez *Bouilli en hachis*).

Rognons de mouton grillés.

Ayez des rognons de mouton, ouvrez-les longitudinalement en laissant du côté gras une partie non coupée pour maintenir les deux morceaux ensemble, enlevez la petite peau mince qui les recouvre, enfoncez une brochette du côté intérieur de façon à maintenir

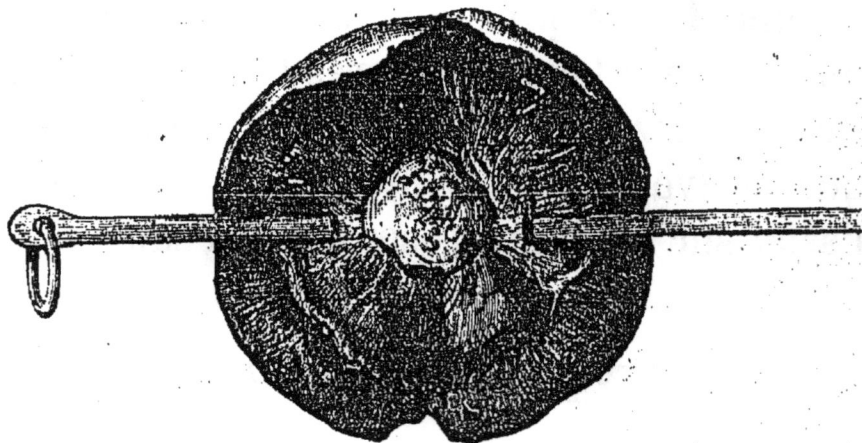

Rognon de mouton à la brochette.

ouvert le rognon à la cuisson, salez et poivrez, trempez dans un peu de beurre fondu et ensuite dans de la mie de pain, mettez sur le gril, cuisez cinq minutes de chaque côté à feu doux, mettez sur le plat, ôtez les brochettes, et ajoutez sur chaque rognon gros comme une noix de beurre maître d'hôtel et un filet de citron.

Rognons de mouton sautés.

Ayez six rognons de mouton, coupez-les en deux, enlevez la petite peau et le gras, émincez chaque morceau en petites lames. Mettez trente grammes de beurre dans la poêle, faites chauffer, mettez les rognons coupés, faites sauter à feu très vif pendant quatre minutes, ajoutez sel, poivre, une cuillerée à café de persil haché, une prise de muscade, saupoudrez de deux pincées de farine, sautez encore une minute, mouillez avec deux cuillerées de vin rouge et autant de bouillon, laissez mijoter une minute ou deux, goûtez pour l'assaisonnement; servez.

Cervelles de mouton en matelote.

Ayez six cervelles, faites-les dégorger et enlevez la peau sanguinolente qui les recouvre, mettez-les dans une casserole avec de l'eau froide pour les couvrir, ajoutez sel et une cuillerée de vinaigre, mettez au feu, laissez faire deux bouillons, retirez du feu.

Épluchez douze petits oignons, mettez-les dans une poêle avec un petit morceau de beurre, une pincée de sucre, faites-les bien revenir en les remuant constamment, égouttez-les, mettez-les dans une petite casserole avec un petit bouquet très peu garni, quatre cuillerées à bouche de sauce espagnole, un quart de champignons, un verre de vin rouge, laissez mijoter jusqu'à entière cuisson des oignons, enlevez le bouquet, égouttez les cervelles, mettez-les sur le plat, mettez autour les champignons et les oignons, versez la sauce par-dessus ; on peut y ajouter des croûtons.

Cervelles de mouton frites.

Préparez et cuisez les cervelles comme il est dit à l'article précédent, égouttez-les, trempez-les dans la pâte à frire (voyez *Pâte à frire*), plongez-les dans la friture bien chaude, égouttez, saupoudrez de sel fin et servez très chaud avec une poignée de persil frit.

Pieds de mouton à la poulette.

Ayez une demi-botte de pieds de mouton, mettez-les à l'eau bouillante une minute, égouttez, rafraîchissez, enlevez l'os, nettoyez-les, remettez à mesure dans une casserole avec eau froide, qu'ils baignent largement; ajoutez un bouquet garni de deux feuilles de laurier, une branche de thym, un gros oignon piqué de huit clous de girofle, deux carottes coupées en grosses lames, un verre de vinaigre, sel; faites cuire deux heures; égouttez-les, dressez sur plat.

Ayez un litre de sauce allemande (voyez *Sauce allemande*), mettez en ébullition, liez avec deux jaunes d'œufs, ajoutez une cuillerée à café de persil haché, le jus d'un demi-citron, versez sur les pieds, servez très chaud; on peut y ajouter des champignons.

Gigot de mouton rôti.

Pour un gigot de cinq livres, une heure un quart de cuisson à feu doux, mais soutenu; si on le cuit au four, une heure suffira, mais avoir soin de le couvrir de papier beurré, et, après avoir enlevé le gigot, détacher la glace du plat, comme il est dit aux rôtis de bœuf; dégraissez et servez.

Les haricots verts, haricots blancs, pommes

de terre frites ou sautées lui conviennent comme garniture (voyez ces articles).

Filet de mouton rôti.

Faites scier l'échine, ficeler un filet de mouton de deux livres; une demi-heure de cuisson à la broche, vingt minutes au four; on peut lui appliquer les garnitures du gigot.

VI

DU PORC

Côtelettes de porc grillées, sauce piquante.

Trempez les côtelettes dans un peu de beurre fondu et aussitôt dans la mie de pain, faites-les griller à feu doux un quart d'heure pour les deux côtés ; servez dessous une sauce piquante (voyez *Sauce piquante*).

Grillades de porc frais.

Les grillades de porc frais sont des morceaux minces que l'on prend soit sur le quasi, soit dans la partie du filet la plus rapprochée du quasi ; les mettre sur un plat une heure avec un peu d'huile d'olive, sel et poivre, les faire griller à feu doux et servir dessous soit une sauce piquante, soit une purée de pommes de terre, ou même des pommes de terre frites (voyez ces articles).

Pieds de porc grillés, Sainte-Menehould.

On trouve ces pieds tout panés chez les charcutiers; les griller à feu doux cinq minutes pour chaque côté; on peut servir dessous soit une sauce piquante, soit une purée de pommes de terre (voyez ces articles).

Saucisses plates grillées, dites crépinettes.

Les griller à feu doux et servir dessous soit une sauce piquante, soit une purée de pommes de terre, soit une purée de tomates (voyez ces articles).

Saucisses longues au vin blanc.

Cuisez les saucisses dans une poêle avec un peu de beurre pendant six à huit minutes; enlevez-les, ajoutez à la graisse une cuillerée à bouche d'oignons hachés, une pincée de farine, une cuillerée de persil haché, un demi-

verre de vin blanc; faites cuire deux minutes,
versez sur les saucisses.

Boudin grillé.

Le boudin a besoin d'être ciselé des deux
côtés, c'est-à-dire faire une série de petites
entailles avec un couteau, et ensuite le griller
des deux côtés.

Porc frais rôti.

Les morceaux employés pour rôtir sont les
côtes et le filet (qu'on devrait plutôt appeler
aloyau de porc, puisqu'il est composé comme
l'aloyau du bœuf), du filet et du contre-filet;
pour un morceau de quatre livres, une heure
et demie de cuisson soit à la broche, soit au
four; saler pendant la cuisson et en débrochant.

Quand on le cuit au four, trois quarts d'heure
avant de servir, on peut y ajouter des pommes
de terre, soit une quinzaine, grosses comme
une bonne noix, qu'on met autour du rôti et
qu'on laisse rissoler dans la graisse; il faudra
les saler et les retourner de temps en temps.

Nota. — Ces rôtis seront meilleurs lorsqu'on pourra se les procurer d'avance et les garder vingt-quatre heures saupoudrés de sel de tous les côtés.

Jambon.

Les jambons d'York, de Cincinnati, sont les plus estimés ; pour un jambon de trois kilos, deux petites heures de cuisson. Il faudra d'abord le faire tremper à eau froide pendant quarante-huit heures pour le dessaler et le ramollir ; l'égoutter, le parer, l'envelopper dans un linge, ensuite le placer dans une braisière à eau froide et largement mouillé ; ajoutez une bouteille de vin blanc ; si l'on n'avait pas de braisière, on pourrait prendre une marmite ou un chaudron. On augmente la durée de la cuisson en raison du poids, en prenant pour base deux petites heures pour trois kilos.

Les jambons fumés de Westphalie, de Lorraine, de Bayonne se préparent de même.

Lorsqu'on servira le jambon froid, il faudra le laisser refroidir presque entièrement dans la cuisson.

Lorsqu'on voudra, au contraire, le servir

chaud, il faudra le mettre au feu de façon à arriver juste.

On sert le jambon chaud avec sauce madère, épinards, macaroni, nouilles ; avec ces deux derniers, on accompagne d'une sauce tomate claire (voyez ces différents articles).

VII

DU GIBIER

—

LIÈVRE

Civet de lièvre.

Épluchez quinze petits oignons, ayez un quart de lard de poitrine frais coupé en petits morceaux ; mettez dans la casserole devant contenir le civet un petit morceau de beurre, les oignons et le lard, faites revenir de couleur blonde, égouttez. Ayez un lièvre moyen dépouillé, coupé par morceaux et dont le sang sera soigneusement recueilli, car, si le lièvre n'a pas de sang, ce ne sera plus un civet, mais bien une gibelotte. Mettez les morceaux du lièvre dans la graisse produite par la première opération, faites revenir à feu vif, ajoutez deux cuillerées à bouche de farine, cuisez cinq minutes, mouillez avec un litre de bouillon, deux verres de bon vin rouge ; ajoutez un bouquet garni, sel, poivre ; faites mijoter deux heures. Vingt minutes avant de servir, mettez une cuillerée à bouche de vin dans le sang, remuez, enlevez les caillots s'il y en a, ajoutez au civet en agitant la casserole pour mêler, remettez aussi les oignons et le lard, continuez de cuire vingt minutes.

Laissez reposer un instant, enlevez le bouquet, dégraissez, dressez les morceaux sur le plat, arrosez avec la sauce ; on peut y ajouter des champignons et croûtons de pain frits.

Lièvre rôti.

Ayez un lièvre adulte au plus, mais jamais vieux, dépouillez, videz, coupez le râble au-dessus des premières côtes, enlevez les peaux minces qui recouvrent les filets et les cuisses, piquez de lard fin, ou, si vous ne le pouvez, couvrez-le de bardes de lard, embrochez, donnez vingt minutes de cuisson, salez en débrochant, servez avec son jus ou avec sauce poivrade (voyez *Sauce poivrade*).

Lièvre rôti mariné.

Ayez un râble de lièvre jeune, mettez-le dans un plat long, salez, poivrez, couvrez de lames d'oignons et carottes émincés, quelques feuilles de laurier, branches de persil, arrosez de trois cuillerées de vinaigre, autant d'huile, laissez au moins vingt-quatre heures en retournant de temps en temps.

Pour la cuisson, procédez comme il est dit à l'article précédent.

Pâté de lièvre.

Ayez un moule ovale, beurrez-le, posez-le sur un plafond garni d'une feuille de papier d'office également beurrée. Ayez une abaisse de pâte à dresser (voyez *Pâte à dresser*), d'un peu moins d'un centimètre d'épaisseur et à peu près deux fois le développement du moule ; relevez les bords de façon à en former une sorte de bateau, mettez dans le moule, appuyez le fond et les bords, de façon que la pâte garnisse parfaitement le moule, mais sans être percée, coupez la pâte à deux centimètres au-dessus du bord. Préparez un lièvre et une

farce comme il est dit à la terrine de lièvre
(voyez article suivant), mais ne faites pas mariner les morceaux. Emplissez le pâté comme
il est dit aussi pour la terrine, terminez par
une couche de farce, une barde de lard et une
feuille de laurier ; avec les rognures de la pâte,
formez une abaisse de la largeur et de la forme
du moule, posez-la, mouillez les bords pour la
souder avec les bords qui dépassent le moule,
pincez ces bords, dorez, faites un trou sur le
milieu et faites cuire deux heures à feu entretenu ; si le four était trop chaud, il faudrait
couvrir le pâté d'un double papier beurré.
Faites un petit jus avec les débris du lièvre
et des couennes de lard, faites-le réduire pour
en avoir un demi-verre ; lorsque le pâté est
cuit et presque refroidi, introduisez le jus par
le trou du milieu et laissez complètement refroidir.

Terrine de lièvre.

Ayez un levraut, dépouillez, videz, recueillez
le sang, levez les filets et les chairs des cuisses, piquez de lardons, mettez-les dans une
petite terrine avec sel, poivre, deux cuillerées

d'huile, une prise de muscade, un peu de persil haché ; laissez deux heures au moins. Ramassez tout ce qui peut rester de chair après la carcasse, mais sans peaux ni nerfs ; mettez sur table avec deux cents grammes de viande maigre de porc (le filet de préférence) et deux cent cinquante grammes de lard gras très frais, le tout bien énervé et sans peaux ni couenne ; hachez fin, salez, poivrez ; ajoutez prise de muscade, épices et le sang ; il faut que cette farce soit très relevée ; il faudrait aussi qu'elle soit pilée pour être absolument fine, mais peu de personnes ont un mortier à leur disposition, il faudra se contenter de hacher très fin et de bien mêler le sang.

Ayez une terrine ovale allant au feu, garnissez-la entièrement de bardes de lard très minces, placez au fond une couche de farce, rangez dessus une partie des morceaux de lièvre, puis une couche de farce, le restant des morceaux, et finissez par une couche de farce, couvrez d'une barde de lard, mettez une grande feuille de laurier, puis le couvercle ; ayez une casserole ou un plat à rôtir, placez-y la terrine, remplissez d'eau bouillante, poussez au four, et faites mijoter une

heure et demie, retirez du feu, laissez refroidir,
et couvrez la terrine avec du saindoux légèrement fondu.

LAPIN

Gibelotte de lapin.

Ayez un lapin de garenne jeune, mais fait,
dépouillez, videz et coupez par morceaux.
Faites revenir dans la casserole qui devra
contenir le lapin douze petits oignons, un
quart de lard maigre avec un peu de beurre ;
lorsqu'ils sont bien colorés, égouttez-les, mettez les morceaux de lapin dans la graisse bien
chaude, faites revenir d'une belle couleur,
mettez deux cuillerées de farine, cuisez cinq
minutes, mouillez avec un litre de bouillon et
deux verres de vin rouge, sel, poivre, donnez
deux heures de cuisson très doucement ; une
demi-heure avant de servir, ajoutez le lard et
les oignons, un bouquet garni et vingt pommes
de terre grosses comme une noix, dégraissez,
goûtez pour l'assaisonnement, qui doit être
relevé ; servez.

Lapin sauté.

Ayez un lapin de garenne demi-venu, dépouillez, videz et coupez en morceaux ; mettez dans un plat à sauter trente grammes de beurre, faites chauffer, mettez les morceaux, faites revenir de tous les côtés jusqu'à ce que les viandes soient atteintes partout; ajoutez un bouquet peu garni, une cuillerée à bouche d'échalottes hachées, une demi-cuillerée de persil haché également, sel, poivre, un verre de vin blanc, trois cuillerées de sauce espagnole, laissez mijoter vingt minutes, ôtez le bouquet, dressez les morceaux sur le plat, dégraissez et servez. On peut supprimer les échalottes et y ajouter des champignons, soit une demi-livre pour un lapereau.

Lapin rôti.

Procédez comme pour le lièvre rôti, et servez dessous une sauce poivrade, piquante, ou simplement son jus.

Pâté de lapin.

Le pâté de lapin se fait comme le pâté de lièvre (voyez *Pâté de lièvre*).

Terrine de lapin.

La terrine de lapin se fait de même que la terrine de lièvre, mais on supprime le sang et l'on ajoute une cuillerée à bouche d'échalottes hachées, en faisant mariner les filets et les chairs des cuisses ; pour le reste, voyez *Terrine de lièvre*.

CHEVREUIL

Gigot de chevreuil rôti.

Le gigot de chevreuil se sert presque toujours après avoir été mariné plus ou moins longtemps, selon le goût des personnes, mais au moins quarante-huit heures, dans une marinade ainsi composée : trois gros oignons, une grosse carotte émincée, une vingtaine de branches de persil, deux feuilles de laurier, une petite branche de thym, six clous de girofle, vingt grains de poivre, une pincée de sauge séchée, un demi-litre de vinaigre, un demi-litre d'eau, vingt-cinq grammes de sel ; mettez le tout dans une casserole, faites bouillir deux ou trois minutes, versez dans une terrine, laissez refroidir.

5

Ayez un gigot de chevreuil de trois kilos, énervez-le avec soin, piquez-le de lard fin, placez-le dans un vase qui le contienne le plus étroitement possible, versez la marinade dessus et mettez dans un lieu frais.

Lorsqu'on voudra s'en servir, il faudra le nettoyer parfaitement, l'embrocher et donner une heure un quart de cuisson, en l'arrosant de temps en temps de quelques cuillerées de marinade. On le sert avec son jus, sauce poivrade ou gelée de groseilles fondue et tiédie.

Râble de chevreuil rôti.

Le râble de chevreuil ou les filets séparés par l'échine se marinent et se servent de même que le gigot ; pour un filet d'un kilo, vingt-cinq minutes de cuisson ; pour un râble ou selle, trente minutes ; on peut leur appliquer les mêmes sauces ; on doit également les piquer de lard fin.

Côtelettes de chevreuil.

Coupez et parez les côtelettes, marinez-les vingt-quatre heures, essuyez-les, mettez dans un plat à sauter avec deux cuillerées de beurre clarifié, faites-les revenir jusqu'à ce que les chairs soient atteintes à l'intérieur, égouttez-les, dressez-les sur plat, et versez dessus une sauce poivrade; on peut aussi les garnir d'une purée de marrons. On peut aussi les paner, les griller, et servir dessous une demi-glace, c'est-à-dire deux litres de bon jus réduits à un décilitre.

SANGLIER

Les morceaux employés comme rôtis sont : les côtes, le filet et le cuissot; la marinade est indispensable, on emploiera celle indiquée au gigot de chevreuil; il est non moins indispensable de choisir les morceaux d'un animal jeune.

Filets de sanglier.

Les filets se piquent de lard fin, comme le chevreuil; on leur donne la même cuisson à poids égal, et la sauce poivrade est celle qui convient le mieux.

Carré de côtes rôti.

Pour un carré de côtes de quatre livres,

quarante minutes de cuisson à la broche,
trente seulement au four ; sauce poivrade.

Cuissot rôti.

Pour un cuissot de trois kilos, on donnera
une heure et demie de cuisson à la broche,
une heure au four ; on arrosera de temps en
temps avec quelques cuillerées de marinade ;
le cuissot peut être servi avec son jus, mais
on lui applique plus souvent la sauce poivrade.

Comme la viande du cuissot est un peu
ferme et assez difficile à piquer au lard fin,
on pourra se contenter de l'envelopper dans
un morceau de toilette de veau.

FAISAN

OBSERVATION. — Pour atteindre toutes ses
qualités, le faisan a besoin d'être mortifié,
mais il n'est pas possible d'en indiquer la
durée d'avance, la température la modifiant
selon qu'elle s'abaisse ou s'élève. Je me borne
à recommander de le suspendre dans un lieu
frais et aéré et de le bien surveiller.

Faisan rôti.

Ayez un faisan arrivé à point comme développement et mortification, plumé, vidé, flambé, bridé et enveloppé d'une barde de lard ; embrochez, donnez trente minutes de cuisson, salez et servez avec son jus et une croûte de pain frit.

Faisan en salmis.

Ayez un faisan rôti dans les conditions indiquées à l'article précédent, laissez refroidir.

Découpez le faisan, rangez à mesure les morceaux dans un plat à sauter, brisez complètement la carcasse et les petites parures, coupez en dés un oignon et une moyenne carotte, faites-les revenir dans un peu de beurre pendant cinq minutes, mettez les débris de carcasse, faites revenir encore cinq minutes. Ajoutez deux clous de girofle, un petit bouquet très peu garni, six cuillerées de sauce espagnole, un verre de vin blanc, sel, poivre ; laissez mijoter une demi-heure sur le coin du fourneau ; dégraissez, enlevez le bou-

quet, passez avec pression, versez sur les
morceaux, chauffez sans bouillir ; dressez les
morceaux sur plat, arrosez avec la sauce. On
peut y ajouter croûtons frits et champignons ;
on peut aussi se servir de dessertes de faisan
rôti pour faire le salmis.

Faisan aux choux.

Il n'est pas absolument nécessaire que le
faisan soit jeune, c'est une recette pour employer ceux qui seraient trop fermes pour être
rôtis.

Ayez un faisan vidé, bridé et couvert d'une
barde de lard, placez-le dans une casserole
avec un saucisson cru.

Lavez, blanchissez et refroidissez un chou
moyen, égouttez, pressez pour enlever toute
l'eau, mettez autour et sur le faisan, mouillez
avec bouillon sans être dégraissé ; sel et
poivre ; laissez mijoter jusqu'à entière cuisson
du faisan, enlevez-le, dressez sur plat, égouttez les choux, brisez-les bien, goûtez-les,
mettez-les autour du faisan, et entourez le
tout de ronds de saucisson.

PERDREAU

Perdreau rôti.

Ayez un perdreau plumé, vidé, flambé, bridé, bardé; embrochez, donnez vingt minutes de cuisson; servez avec son jus et une croûte de pain frite; salez en débrochant.

Perdreau en salmis.

Procédez absolument comme pour le salmis de faisan, et servez de même, soit simplement, soit avec croûtons et champignons (voyez *Faisan en salmis*). Comme pour le faisan, on peut se servir de dessertes de perdreau.

Pâté de perdreau.

Ayez un perdreau désossé, comme pour la terrine de perdreau (voyez article suivant). Ayez un moule à pâté rond, beurré et placé sur un plafond garni d'une feuille de papier beurré; garnissez-le d'une abaisse de pâte à dresser, comme il est dit au pâté de lièvre, et terminez de même ; donnez une heure un quart de cuisson, faites de même un petit jus avec les débris, et introduisez-le par le trou lorsque le pâté est à moitié refroidi.

Deux ou trois petites truffes dispersées dans le pâté et les pelures hachées et mêlées à la farce compléteraient agréablement le pâté.

Terrine de perdreau.

Ayez un perdreau plumé, vidé, flambé. Désossez-le, glissez quelques lardons dans les deux filets, assaisonnez avec sel, poivre, épices, prise de muscade ; réservez. Faites une farce comme il est dit à la terrine de lièvre, moins le sang.

Ayez une terrine ronde, garnissez-la de minces bardes de lard, mettez une couche de farce, posez le perdreau ramassé en boule, la peau en dessus, mettez une autre couche de farce par-dessus, recouvrez le tout d'une barde de lard, mettez aussi une feuille de laurier et enfin le couvercle ; mettez la terrine dans un plat creux, de l'eau bouillante au fond ; poussez au four, faites mijoter de trois quarts d'heure à une heure. On peut y ajouter deux ou trois petites truffes, ce qui ne gâterait rien ; en ce cas, on hacherait les pelures pour les mélanger à la farce.

Perdrix aux choux.

Procédez absolument comme pour le faisan aux choux et servez de même (voyez *Faisan aux choux*).

Cailles rôties.

Après les avoir plumées, vidées, flambées, bridées, on les enveloppe d'une feuille de vigne et une barde de lard par-dessus ; on donne un quart d'heure de cuisson à la broche ; jus et croûtes de pain frites ; salez en débrochant.

Alouettes rôties.

Plumez, videz et flambez les alouettes, coupez le bout des ongles, repliez les cuisses le long du corps, enveloppez d'une barde de lard, passez une brochette entre les cuisses et le croupion, en prenant les deux bouts de la barde ; enfilez les alouettes côte à côte, fixez la brochette sur la broche, cuisez cinq minutes à feu vif, débrochez, salez et servez dessous une croûte de pain frite et le jus.

Bécasses et bécassines.

Les bécasses et bécassines se servent comme les perdreaux, rôtis, en salmis, en pâté ou en terrine.

VIII

DE LA VOLAILLE

—

DINDE

Dinde braisée au jus.

Il n'est pas absolument nécessaire que la dinde soit jeune; cependant on n'en choisira pas non plus une trop vieille, mais bien en chair et pas grasse.

Videz, flambez, bridez et bardez la dinde, foncez une casserole, ou, ce qui serait mieux, une braisière, si l'on en a une, avec oignons et carottes coupés en lames et quelques parures de lard; placez la dinde dessus, couvrez, poussez à feu vif; lorsque les légumes commencent à attacher, mouillez à moitié avec du bouillon, ajoutez un petit bouquet garni, deux clous de girofle, une petite branche d'estragon, quelques grains de poivre ; laissez mijoter jusqu'à entière cuisson, en la retournant sur toutes ses faces ; la cuisson terminée, enlevez la dinde, posez sur le plat, passez le jus, dégraissez-le et faites-le réduire de façon qu'il en reste environ deux décilitres, goûtez pour l'assaisonnement, versez sur la dinde ; servez.

On peut la servir sur une purée de marrons et servir le jus à part.

Dinde rôtie au cresson.

Videz, flambez, bridez, bardez une dinde, embrochez, donnez une heure un quart de cuisson, débrochez, salez, recueillez le jus, dressez sur plat, versez le jus.

Ayez du cresson épluché, lavé et égoutté, assaisonnez avec un peu de sel et vinaigre, mettez autour de la dinde, servez.

Dinde rôtie aux marrons.

Ayez une dinde vidée, flambée, bridée et bardée, emplissez-la de marrons grillés et bien nettoyés, embrochez et faites-la rôtir comme il est dit plus haut, débrochez, salez, dressez sur plat et versez le jus dessus.

Abatis de dinde aux navets.

Ayez un abatis de dinde, coupez le cou en trois, les ailes et le gésier en deux, nettoyez la tête et les pattes, mettez un morceau de beurre dans la casserole, faites revenir les abatis d'une belle couleur blonde, ajoutez deux cuillerées de farine, faites encore revenir cinq minutes, mouillez avec un litre de bouillon, ajoutez un bouquet garni, quatre petits oignons ; laissez mijoter deux petites heures ; faites revenir à la poêle quinze boules de navets avec un peu de beurre et une pincée de sucre ; lorsque les navets sont bien blonds, égouttez-les, ajoutez-les une demi-heure avant de servir.

Dégraissez, enlevez le bouquet, goûtez pour l'assaisonnement, dressez les morceaux, les navets et les oignons sur plat, versez la sauce servez.

OIE

Oie rôtie.

Les oies ne sont bonnes que de novembre à avril ; il n'en faut pas moins les choisir jeunes, grasses et rassises ; la graisse que l'on recueille de leur cuisson est précieuse pour un ménage. Les vider, flamber et brider comme un canard (voyez, plus loin, *Caneton rôti*), et une heure de cuisson au four ou à la broche ; on peut les accompagner d'une marmelade de pommes ou gelée de groseilles.

Oie à la choucroute.

Ayez une oie vidée, flambée, bridée ; couvrez-la d'une barde de lard, mettez-la dans une casserole qui la contienne juste, ajoutez à côté un saucisson ordinaire cru avec ou sans ail selon le goût, remplissez avec de la choucroute préparée (voyez *Choucroute*), mouillez avec un verre de bouillon, faites mijoter deux heures ; pendant la cuisson, il faut s'assurer si le mouillement n'est pas trop réduit ; un quart d'heure avant de servir, étendez par-dessus une demi-livre de saucisses dites chipolata ; assurez-vous de la cuisson de l'oie. Enlevez l'oie, les saucisses et le saucisson ; égouttez, pressez et égouttez également la choucroute, mettez-la sur le plat et autour les saucisses et le saucisson découpé en ronds.

POULET

Poulet rôti.

Videz, flambez, bridez, bardez un poulet,
embrochez, donnez trois quarts d'heure de
cuisson, débrochez, salez et servez avec son
jus. On lui applique le cresson de fontaine et
le cresson alénois comme garniture.

Poulet sauté.

Videz un poulet moyen, moins gras que pour
rôtir, flambez, découpez, mettez dans un plat
à sauter deux cuillerées de beurre clarifié (voir
Beurre clarifié), faites chauffer, mettez les morceaux de poulet, faites-les revenir de tous les
côtés, de façon que les chairs soient bien colo-
rées et atteintes à l'intérieur, égouttez le beurre.
Ajoutez quatre cuillerées de sauce espagnole,
un verre de vin blanc, un bouquet, sel, poivre ;
laissez mijoter une petite demi-heure, dressez
les morceaux sur plat, dégraissez, remettez le
sautoir sur feu, ajoutez une cuillerée à café de
persil haché et une demi-cuillerée d'échalottes
également hachées très fin, faites faire deux ou
trois bouillons, versez sur les morceaux.

On peut supprimer les échalottes ; on peut aussi y ajouter des champignons et garnir de croûtons frits dans tous les cas.

Poulet en fricassée.

Ayez un poulet comme pour sauter, videz, flambez, découpez, mettez les morceaux dans une terrine d'eau fraîche, et laissez dégorger une heure, égouttez-les, mettez dans une casserole, couvrez-les d'eau qu'ils baignent au plus. Ajoutez un bouquet garni, un oignon piqué de six clous de girofle, une grosse carotte coupée en rondelles épaisses, salez. Faites partir lentement sur le feu, écumez avec beaucoup de soin ; laissez cuire doucement pendant une demi-heure, égouttez dans une passoire, prenez les morceaux les uns après les autres et nettoyez-les en les trempant dans de l'eau tiède, rangez les morceaux sur plat, tenez au chaud, faites un roux blanc avec quarante grammes de beurre, une forte cuillerée de farine, cuisez cinq minutes à feu doux, mouillez avec la cuisson du poulet, laissez mijoter dix minutes, dégraissez, liez avec deux jaunes d'œufs, un petit morceau de beurre frais et le jus d'un demi-citron, passez à l'étamine, versez sur les morceaux. On peut y ajouter des champignons.

Poulet à l'estragon.

Ayez un poulet moyen, vidé, flambé et bridé ; frottez l'estomac avec un peu de jus de citron, bardez, mettez-le dans une casserole la poitrine en dessous, mouillez avec deux litres de bouillon froid, mettez deux branches d'estragon dont vous aurez réservé les feuilles ; faites cuire à feu doux quarante minutes, égouttez le poulet, passez le jus, dégraissez et faites réduire de façon à en avoir deux décilitres, coupez les feuilles d'estragon en petits carrés, ajoutez-les au jus réduit, laissez infuser deux minutes sans bouillir, débridez le poulet, dressez sur plat, versez le jus dessus.

On tiendra compte de ce que le bouillon est déjà salé lorsqu'on l'emploie et qu'il devient de plus en plus salé par la réduction ; on goûtera donc le jus réduit pour s'assurer de l'assaisonnement avant d'ajouter du sel.

Poulet au riz.

Préparez un poulet comme il est dit plus haut en supprimant l'estragon, faites cuire de même, passez le jus, dégraissez, faites réduire. Lavez et échaudez cent vingt-cinq grammes de riz, égouttez, remettez dans la casserole, mouillez légèrement avec un peu de bouillon non dégraissé, ou, s'il l'était, ajoutez quelques cuillerées de la graisse de la cuisson, laissez crever doucement le riz ; si le mouillement tarissait trop, il faudrait remettre un peu de bouillon et de graisse ; salez et poivrez, et ajoutez une cuillerée à café de poudre de kari ; mêlez sans briser le riz, mettez le poulet sur plat, le riz autour, arrosez avec un peu de jus, et servez le reste dans une saucière.

Nota. — On peut utiliser les vieilles poules de cette façon ; mais les chairs en sont toujours très sèches et sans saveur, la cuisson en est beaucoup plus longue ; le mieux serait de les cuire dans un pot-au-feu et de les garnir de riz que l'on tiendrait un peu plus liquide.

Poulet au blanc.

Ayez un poulet plutôt gras que maigre, vidé, flambé, bridé ; frottez l'estomac avec un peu de jus de citron ; bardez, mettez dans une casserole avec un oignon piqué de trois clous de girofle, une carotte coupée en rondelles, un petit bouquet peu garni, deux litres de bouillon sans couleur ; faites cuire quarante minutes très doucement, passez la cuisson, dégraissez, faites un roux blanc avec quarante grammes de beurre et deux fortes cuillerées de farine, cuisez cinq minutes sans faire prendre couleur, mouillez avec la cuisson, faites mijoter vingt minutes, dégraissez, ajoutez la cuisson d'une demi-livre de champignons (voyez *Champignons pour garniture*), faites réduire pour qu'il n'en reste que trois décilitres, goûtez, passez la sauce, ajoutez les champignons, dressez le poulet sur plat, arrosez avec la sauce et les champignons autour.

Poulet sauté Marengo.

Préparez un poulet comme il est dit à *Poulet sauté*, en remplaçant le beurre par de l'huile ;

faites revenir les morceaux de belle couleur, égouttez l'huile, ajoutez quatre cuillerées de sauce espagnole, un bouquet garni, un demi-verre de vin blanc, sel et poivre ; faites mijoter trente minutes, dressez les morceaux en pyramide sur le plat, tenez au chaud, remettez le sautoir sur le feu, dégraissez, ajoutez une cuillerée à café d'échalottes hachées, une autre de persil haché également, deux cuillerées à bouche de sauce tomate ; faites faire quelques bouillons. Ayez six œufs frits, six écrevisses et six croûtons frits, une demi-livre de champignons ; dressez cette garniture autour du poulet en alternant un œuf, un croûton, une écrevisse ; faites chauffer les champignons dans la sauce, versez sur le plat en arrosant le tout.

Poulet sauce tomate.

Cuisez un poulet comme il est dit à *Poulet au blanc*, égouttez, mettez sur plat et arrosez d'une sauce tomate.

Poulet financière.

Préparez et cuisez un poulet gras comme il

est dit à *Poulet au blanc*, tenez-le vert cuit,
égouttez, débridez, dressez-le sur plat, garnissez-le d'un ragoût à la financière (voyez *Ragoût à la financière*), et réservez un peu de
sauce pour l'arroser.

Poulet en marinade.

On emploie généralement les dessertes de
poulet rôti ; parez les morceaux, mettez-les
dans une terrine avec un peu de persil haché,
sel, poivre, une cuillerée de vinaigre ; sautez-
les pour qu'ils soient imprégnés partout. Au
moment de servir, trempez-les dans une pâte
à frire (voyez *Pâte à frire*) et plongez-les immédiatement dans la friture bien chaude,
faites frire de belle couleur, égouttez, saupoudrez de sel fin, dressez sur plat, une serviette
dessous, et mettez dessus une poignée de petites branches de persil frit.

Poulet à la mayonnaise.

Préparez des morceaux de poulet rôti comme
il est dit à l'article précédent ; coupez deux
poignées de feuilles de laitue assaisonnées

avec sel, poivre, vinaigre; mettez-les au milieu du plat, dressez les morceaux de poulet autour et dessus, couvrez le tout d'une mayonnaise un peu épaisse, garnissez avec œufs durs coupés en quatre, filets d'anchois, olives, ronds de cornichons et quelques cœurs de laitue assaisonnés.

Ragoût à la financière.

Le ragoût à la financière se compose par parties égales de truffes émincées, crêtes et rognons de coq, têtes de champignons, escalopes de foie gras, petites quenelles de volaille liées avec de la sauce espagnole dans laquelle on incorpore la cuisson des truffes et des champignons, et que l'on fait réduire à la consistance voulue.

Ce ragoût ne doit pas bouillir, mais seulement être tenu bien chaud.

CANARD

Caneton aux navets.

Ayez un caneton vidé, flambé, bridé; mettez dans une casserole un petit morceau de beurre, faites chauffer, mettez-y le caneton, faites revenir de tous les côtés, retirez le caneton, ajoutez une cuillerée à bouche de farine, faites le roux brun, mouillez avec un litre de bouillon, remettez le caneton avec un petit bouquet garni, un gros oignon piqué de trois clous de girofle, sel, poivre.

Ayez vingt boules de navets, mettez à la poêle avec un petit morceau de beurre, une pincée de sucre en poudre, poussez à feu vif, faites revenir d'une belle couleur brune, égouttez et ajoutez-les au caneton, laissez mijoter trois quarts d'heure, enlevez le bouquet et l'oignon, posez le caneton sur plat, les navets autour, dégraissez et arrosez avec la sauce.

Caneton aux pois.

Ayez un caneton, cuisez-le comme il est indiqué à l'article précédent, enlevez le caneton, dégraissez la cuisson, faites réduire de façon qu'il en reste au plus un décilitre. Cuisez un litre de petits pois comme il est indiqué à cet article, mettez-les sur plat, le caneton au milieu, et arrosez avec le jus réduit.

Caneton aux olives...

Videz, flambez et bridez un caneton ; foncez une casserole qui le contienne le plus juste possible avec lames de carottes et d'oignons et quelques parures de lard, faites suer quelques minutes sur le feu, mouillez avec un litre de bouillon, un petit verre de madère ; ajoutez un bouquet peu garni, faites mijoter environ une heure ; mettez dans le plat à sauter six cuillerées de sauce espagnole et la cuisson bien dégraissée du caneton, faites réduire jusqu'à consistance, c'est-à-dire que la sauce masque légèrement la cuillère. Ayez une demi-livre d'olives, tournez-les pour enlever le noyau, mettez-les à eau froide dans une petite casserole, faites faire un bouillon, rafraîchissez-les, égouttez, remettez-les dans la casserole, versez-y la sauce pour les chauffer sans bouillir ; égouttez le caneton, débridez et nettoyez-le de ses légumes, posez sur le plat, arrosez avec la sauce et placez les olives autour.

Caneton en salmis.

Le caneton en salmis se prépare exactement

comme les faisans et perdreaux et se sert également avec champignons et croûtons frits (voir *Faisan en salmis*).

Caneton rôti.

Ayez un caneton vidé, flambé, bridé et bardé ; embrochez, donnez trente minutes de cuisson à feu doux ; débrochez, salez et servez avec son jus et, si l'on veut, quelques rondelles de citron sur les bords du plat.

Canards sauvages.

Les canards sauvages à l'état jeune peuvent s'accommoder selon les différentes manières indiquées plus haut.

PIGEONS

Pigeons en compote.

Ayez deux pigeons, videz, flambez et bridez, mettez-les dans une casserole avec un petit morceau de beurre, faites-les revenir, ôtez-les, faites un petit roux en ajoutant une cuillerée de farine à la graisse qu'ils ont rendue, mouillez avec un demi-litre de bouillon, faites partir, ajoutez les pigeons, un petit bouquet peu garni, sel et poivre. Épluchez dix petits oignons, coupez en petits cubes du lard de poitrine peu salé, environ deux cuillerées à bouche, faites-les revenir à la poêle avec les oignons, lorsque le tout est bien coloré, mettez avec les pigeons et laissez mijoter quarante minutes ; enlevez les pigeons et le bouquet, dégraissez, posez les pigeons sur plat, la garniture autour et arrosez avec la sauce.

Pigeon à la crapaudine.

Videz et flambez un pigeon très jeune, coupez les pattes et les ailerons, fendez-le en deux, frappez-le légèrement pour l'aplatir et le mortifier, mettez ces deux morceaux dans un plat à sauter avec un peu de beurre ou d'huile, faites chauffer pendant cinq à huit minutes de façon à roidir les chairs, égouttez, salez, poivrez des deux côtés, trempez-les dans une panure à l'anglaise (voyez ces mots), ensuite dans la mie de pain, faites griller à feu doux et servez dessous une sauce italienne.

Pigeons aux pois.

Cuisez deux pigeons comme il est indiqué à l'article *Pigeons en compote*, dégraissez la cuisson, faites-la réduire.

Cuisez des pois comme il est dit à cet article, mettez-les sur plat, les pigeons au milieu, et arrosez avec le jus réduit.

Pigeons rôtis.

Ayez deux pigeons vidés, flambés, bridés et bardés; embrochez, donnez vingt-cinq minutes de cuisson à feu doux; débrochez, salez et servez avec le jus; on peut garnir de cresson.

Ramiers.

Les ramiers à l'état jeune se préparent de même que les pigeons (voyez articles précédents).

Pintades.

Les pintades ne se mangent guère que rôties ; cependant on pourrait les préparer soit à l'estragon, soit au riz ; de quelque façon qu'on les prépare, c'est la même manière que le poulet et le même temps pour la cuisson.

IX

DU POISSON

—

POISSONS DE MER

Saumon.

Ayez soit un tronçon, soit un saumon entier, vidé, écaillé et lavé ; placez-le, s'il est entier, dans une poissonnière de sa taille ; si c'est un tronçon, on pourra le mettre dans une casserole avec une planche dessous ; mettez de l'eau de façon qu'il baigne largement et du vin blanc dans les proportions d'une bouteille par six litres d'eau, ajoutez dix clous de girofle, quelques grains de poivre, un bouquet composé de quatre feuilles de laurier, deux branches de thym, une très faible poignée de persil, le tout lié ensemble par le milieu, deux grosses carottes et deux gros oignons émincés, deux bonnes poignées de sel; faites partir doucement sur le feu; aussitôt les premiers bouillons, retirez sur le coin du fourneau et laissez une heure sans bouillir, pour qu'il finisse d'être atteint. On sert avec le saumon une sauce au beurre (voyez *Sauce au beurre*), soit avec le jus d'un demi-citron, soit avec une cuillerée à bouche de câpres.

Saumon mayonnaise.

Procédez comme il est dit à l'article précédent pour la cuisson, laissez refroidir, mettez sur le plat, entourez de petites branches de persil et servez la mayonnaise à part (voyez *Sauce mayonnaise*).

Saumon grillé.

Le saumon grillé se coupe par tranches, elles ne doivent pas avoir plus d'un centimètre d'épaisseur. Trempez les tranches dans un peu de beurre fondu, salez, mettez sur le gril, donnez cinq minutes de cuisson pour chaque côté à feu très doux, mettez sur plat, enlevez la peau et l'arête du milieu, mettez dessus un beurre maître d'hôtel, ou beurre d'anchois.

Saumon hollandaise.

Cuisez le saumon comme il est dit à l'article *Saumon*. Egouttez, garnissez de branches de persil, servez sauce hollandaise à part (voyez *Sauce hollandaise*).

Turbot.

Ayez un turbot vidé, brossé, le ventre frotté de citron; placez-le dans une turbotière le dos en dessous, mettez une ou deux poignées de sel selon la grosseur, le vin blanc, les aromates et légumes comme il est dit et dans les proportions indiquées au saumon, recouvrez d'une serviette. Ayez un chaudron d'eau bouillante, versez sur le turbot, que l'eau monte de trois ou quatre centimètres au-dessus, laissez partir; aux premiers bouillons, retirez sur le coin du fourneau, et laissez finir comme le saumon.

On lui applique les mêmes sauces.

Barbue.

La barbue diffère très peu du turbot comme goût; mais on devra l'écailler avant la cuisson,

qui d'ailleurs est la même que pour le turbot;
l'accompagner des mêmes sauces.

Soles frites.

Ayez des soles, la peau enlevée des deux
côtés, la tête et les barbes coupées; lavez et
essuyez-les, trempez-les dans un peu de lait et
aussitôt dans la farine, qu'elles en soient bien
couvertes, passez-les immédiatement à friture
très chaude, faites frire quatre à cinq minutes, égouttez, saupoudrez de sel fin, servez
très chaudement, joignez-y un morceau de
citron.

Sole au gratin.

Ayez une sole nettoyée comme il est dit
plus haut, beurrez un plat d'office de la forme
et de la grandeur de la sole, semez au fond
une moyenne échalotte et un peu de persil
hachés, sel et poivre; posez la sole, recommencez l'opération en dessus, couvrez le tout
d'une sauce espagnole bien réduite, saupoudrez de chapelure, faites gratiner au four;
quinze minutes suffisent dans un bon four;
servez.

On peut y ajouter des champignons, que l'on range sur la sole avant de la couvrir de la sauce ; dans ce cas, on ne manquera pas d'y incorporer la cuisson des champignons avant de la faire réduire.

Sole au vin blanc.

Ayez une sole dépouillée, ébarbée et lavée, mettez-la sur un plat ovale avec vingt grammes de beurre, un bon verre de vin blanc, sel, poivre, une prise de muscade ; faites cuire dix minutes au four ou avec feu dessus ; mettez dans une casserole vingt grammes de beurre et autant de farine, faites chauffer légèrement en travaillant avec la cuillère de bois pendant deux ou trois minutes, mouillez avec un verre d'eau, laissez faire un bouillon, ajoutez-y la cuisson de la sole, une cuillerée à bouche de persil haché et une pincée d'écha- lottes également hachées, faites faire un bouil- lon, goûtez pour l'assaisonnement, mettez la sole sur plat et arrosez avec la sauce.

Éperlans frits.

Ecaillez, coupez les nageoires, videz et lavez bien les éperlans, égouttez et essuyez ;

trempez-les dans un peu de lait et ensuite dans la farine, plongez à friture très chaude, égouttez sur un linge, saupoudrez de sel fin, ajoutez une poignée de persil frit.

On peut aussi les réunir en brochette en les enfilant par la tête; on les trempe alors dans une panure à l'anglaise (voyez cet article) et ensuite dans de la mie de pain très fine, et finir comme il est dit plus haut.

Limandes.

Les limandes ne se dépouillent pas, il faut les écailler des deux côtés ; couper la tête, et le reste comme les soles, soit frites, soit au gratin.

Merlans frits.

Ecaillez, videz et lavez les merlans; essuyez-les dans un linge, faites de petites entailles transversales des deux côtés, trempez dans un peu de lait, ensuite dans la farine, plongez dans la friture très chaude, faites frire cinq minutes, égouttez sur un linge, saupoudrez de sel fin des deux côtés, servez chaudement, ajoutez un morceau de citron.

Merlans au gratin.

Ecaillez, videz et lavez les merlans, essuyez-les et procédez ensuite comme pour la sole au gratin (voyez *Sole au gratin*).

Maquereau grillé.

Ayez un maquereau moyen, les laités sont les meilleurs ; videz-le, coupez les nageoires, essuyez-le sans le laver, fendez-le longitudinalement sur le dos en rasant l'épine dorsale à deux centimètres de profondeur, mettez-le sur un plat long pendant une heure avec un peu d'huile, sel et poivre ; allumez la grillade, couvrez-la d'un peu de cendre, si le feu était trop vif. Mettez le maquereau sur le gril et grillez doucement pendant quinze ou vingt minutes, salez à différentes reprises pendant la cuisson ; posez sur le plat et sur le ventre, emplissez la fente du dos avec un beurre maître d'hôtel et un filet de citron.

Alose rôtie.

Comme le maquereau, l'alose laitée est la meilleure. Ecaillez, videz, coupez les nageoires, essuyez sans laver, faites mariner avec huile, sel et poivre pendant deux heures au moins ; beurrez un plat d'office long, mettez l'alose, poussez au four, faites rôtir de vingt à trente minutes, selon la grosseur de l'alose et la chaleur du four, posez l'alose sur plat, arrosez d'une maître d'hôtel fondue et servez à part une purée d'oseille (voyez *Purée d'oseille*).

Lorsque les aloses sont petites ou que l'on n'a pas de four à sa disposition, on peut les griller comme le maquereau, en donnant dix minutes de cuisson de chaque côté.

Mulet grillé.

Ayez un mulet moyen, écaillez, videz, coupez les nageoires, lavez à plusieurs eaux, essuyez parfaitement, faites fondre un peu de beurre, trempez-le, salez, poivrez, enveloppez-le dans un papier d'office bien beurré, mettez sur le gril, couvrez le feu d'un peu de cendres pour le rendre moins vif, grillez pendant vingt minutes ou une demi-heure, retirez du feu, ôtez le papier, mettez sur plat long, arrosez-le d'une maître d'hôtel fondue.

Mulet sauce aux câpres.

Nettoyez un mulet comme il est dit plus haut, mettez-le dans une poissonnière avec deux gros oignons, une grosse carotte, coupés en lames, deux feuilles de laurier, une branche de thym, une poignée de gros sel ; couvrez d'eau froide à deux centimètres au-dessus, un demi-verre de vinaigre, faites partir sur le feu ; aux premiers bouillons, retirez sur le coin du fourneau sans bouillir ; laissez une heure. Égouttez le mulet, nettoyez-le de ses légumes, mettez sur plat, garnissez de persil en branches, et servez à part une sauce au beurre, dans laquelle vous mettrez une cuillerée à bouche de câpres (voyez *Sauce au beurre*).

Bar.

Le bar se sert comme le mulet, soit grillé lorsqu'il est petit, soit avec la sauce aux câpres lorsqu'il est gros ; dans l'un comme dans l'autre, on peut supprimer les câpres et servir la sauce simplement en ajoutant un jus de citron au moment de servir.

Raie au beurre noir.

Lavez, brossez et coupez le bout des nageoires d'un blanc de raie, mettez dans un chaudron d'eau froide (six à huit litres), une forte poignée de sel ; aux premiers bouillons, retirez sur le coin du fourneau une demi-heure.

Mettez quarante grammes de beurre dans une poêle, poussez sur feu vif ; lorsque le beurre est près de brûler, jetez-y une poignée de petites branches de persil, laissez une minute, égouttez le persil, versez deux cuillerées à bouche de vinaigre, couvrez immédiatement d'un couvercle pour empêcher le beurre de rejeter le vinaigre. Égouttez la raie sur un couvercle, enlevez la peau des deux côtés en commençant du côté épais, mettez sur plat, saupoudrez de sel fin et un peu de poivre, mettez le persil au milieu et arrosez la raie avec le beurre noir.

Moules à la poulette.

Ayez deux litres de moules bien fraîches, arrachez le filet et grattez-les de façon qu'il ne reste rien qui puisse se détacher dans la cuisson, lavez-les dans plusieurs eaux en les frottant fortement avec les mains ; égouttez-les, mettez-les dans une casserole moitié trop grande avec une cuillerée d'eau froide, sel et poivre ; mettez sur feu vif, sautez-les cinq minutes, de façon à les faire toutes passer par le fond ; enlevez les coquilles vides ; mettez dans une autre casserole trente grammes de beurre, une forte cuillerée de farine, faites cuire trois minutes, mouillez avec le bouillon des moules, faites cuire encore trois minutes, liez avec deux jaunes d'œufs, ajoutez une cuillerée de persil haché et si l'on veut une échalotte hachée, versez le tout sur les moules, chauffez bien sans bouillir, relevez par un jus de citron, goûtez et dressez en pyramide sur le plat.

Morue maître d'hôtel.

Il ne faut pas moins de quarante-huit heures pour dessaler complètement la morue, en changeant fréquemment l'eau, en frottant et pressant avec la main.

Roulez le morceau, ficelez, mettez dans un

chaudron à l'eau froide, faites faire deux ou trois bouillons. Cuisez quelques pommes de terre à l'eau salée ; égouttez et enlevez la peau, égouttez la morue, mettez sur plat, les pommes de terre autour, et servez à part une maître d'hôtel fondue.

Le cabillaud ou morue fraîche se cuit et se sert comme le bar, avec les mêmes sauces.

Homard et langouste mayonnaise.

Les langoustes et les homards s'achètent presque toujours cuits ; il faut s'assurer qu'ils sont bien pesants et sans mauvaise odeur. On les fend en deux sans les séparer entièrement, on les dresse sur une serviette, on garnit de branches de persil et l'on sert une saucière de mayonnaise à part (voyez cette sauce).

POISSONS D'EAU DOUCE.

Brochet sauce moutarde.

Videz, écaillez, coupez les nageoires et lavez à plusieurs eaux ; mettez-le dans la poissonnière avec thym, laurier, carottes et oignons émincés, branches de persil, une demi-bouteille de vin blanc, sel ; couvrez d'eau, qu'il baigne largement, faites partir doucement ; aux premiers bouillons retirez sur le coin du fourneau, et laissez finir la cuisson sans bouillir une demi-heure.

Egouttez le brochet, mettez sur plat, garnissez de persil autour, servez à part une sauce au beurre (voyez *Sauce au beurre*), dans laquelle vous mettez une cuillerée à bouche de moutarde avant de servir.

Matelote.

Ayez un brochet, une carpe, une anguille, le tout réuni pouvant peser cinq livres ; écaillez, videz et lavez bien carpe et brochet, réservez les laitances ; dépouillez l'anguille, coupez le tout par tronçons de cinq ou six centimètres de long ; mettez dans une casserole avec carottes, oignons émincés, laurier, thym, branches de persil, sel, grains de poivre, un oignon entier piqué de dix clous de girofle, mouillez avec un litre de bon vin rouge et deux verres d'eau ; mettez sur feu vif, laissez faire deux bouillons. Epluchez quinze petits oignons, passez-les au beurre à la poêle ; lorsqu'ils sont d'une belle couleur, mettez-les dans une petite casserole avec un peu de la cuisson de la matelote, faites-les mijoter jusqu'à ce qu'ils soient cuits sans se défaire. Ayez une livre de champignons, cuisez-les comme il est dit à cet article.

Faites un roux avec quarante grammes de beurre et deux fortes cuillerées de farine, cuisez blond ; mouillez avec les cuissons de la matelote, des oignons et des champignons, cuisez dix minutes, relevez avec poivre et muscade.

Lavez bien les laitances, cuisez-les avec un peu d'eau et de vinaigre, un bouillon seulement.

Nettoyez et dressez sur plat les morceaux de poisson, en pyramide ; disposez les champignons, les laitances et les oignons par bouquets autour, garnissez de croûtons de pain, arrosez le tout avec la sauce.

Anguille sauce tartare.

Ayez une anguille de cinq cents grammes au moins, dépouillez, videz et coupez les barbes, essuyez bien, coupez l'anguille en tronçons de dix centimètres de long, rangez-les à l'aise dans une casserole, ajoutez un moyen oignon et une carotte émincés, une feuille de laurier, une gousse d'ail, six clous de girofle, six grains de poivre, sel ; mouillez avec moitié eau et moitié vin blanc, faites mijoter quatre minutes, égouttez, nettoyez les tronçons, cassez un œuf dans une terrine, battez avec une fourchette en ajoutant un peu de sel, poivre et deux cuillerées d'huile d'olive, trempez les morceaux d'anguille, passez aussitôt à la mie de pain, plongez dans la friture bien chaude, égouttez sur un linge, saupoudrez de sel fin, dressez sur plat, garnissez de persil frit, servez à part une saucière de sauce tartare (voyez *Mayonnaise*).

Écrevisses.

Ayez deux douzaines d'écrevisses bien vivantes, tordez doucement l'écaille du milieu de la queue en tirant un peu pour enlever le petit boyau, mettez-les à mesure dans une casserole assez grande ; ajoutez sel, poivre, oignons et carottes émincés, une petite branche de thym, deux feuilles de laurier, quelques ra-

cines de persil, une demi-bouteille de vin blanc;
poussez à feu très vif; couvrez la casserole,
cuisez cinq minutes en les sautant constamment, versez dans une terrine, laissez refroidir
en couvrant d'un papier.

Écrevisses bordelaise.

Ayez vingt-quatre écrevisses, cuisez-les
comme il est dit à cet article, tenez bien
chaud.

Hachez très fin deux moyennes échalottes,
mettez-les dans une petite casserole avec gros
comme une noix de beurre; faites revenir
pendant cinq minutes sans laisser brûler et
sans cesser de remuer; mouillez avec un verre
de bon vin de Bordeaux, laissez mijoter un
quart d'heure, versez dans un plat à sauter,
ajoutez six cuillerées de sauce espagnole et
deux cuillerées de la cuisson des écrevisses,
faites réduire d'un quart, ajoutez une petite
cuillerée de persil haché; poivrez assez fortement, goûtez pour le sel, nettoyez bien les
écrevisses, chauffez-les dans la sauce, et versez
le tout dans un compotier creux, saladier ou
casserole à légumes. Servez.

Goujons frits.

Ecaillez, coupez les nageoires, videz les goujons, lavez-les bien, égouttez, trempez dans un peu de lait et ensuite dans la farine, roulez-les légèrement avec la main, plongez dans la friture très chaude, faites frire deux minutes, égouttez, saupoudrez de sel fin, servez très chaud avec persil frit.

X

DES ŒUFS

Œufs à la coque.

Mettez les œufs à eau bouillante; trois minutes de cuisson.

Œufs sur le plat.

Faites fondre vingt grammes de beurre dans un petit plat en cuivre, fer-blanc ou porcelaine allant au feu, de quinze centimètres de diamètre; cassez cinq œufs, évitez de briser les jaunes en les laissant tomber de trop haut, saupoudrez de sel, un peu de poivre; mettez sur le coin du fourneau; mettez par-dessus un couvercle chargé de charbons ardents, surveillez la cuisson, qui est très courte; les œufs doivent être bien atteints et rester tremblants.

Œufs au beurre noir.

Mettez dans une petite poêle vingt grammes de beurre, chauffez jusqu'à ce que le beurre ait perdu la matière caséeuse et soit bien fumant sans être brûlé, cassez un œuf dans une assiette, saupoudrez d'un peu de sel et poivre, versez-le bien doucement dans le beurre, tenez toujours à feu vif ; tenez la poêle de la main gauche un peu penchée ; de la main droite, arrosez-le de beurre brûlant avec une cuillère pour atteindre le dessus, prenez bien soin de ne pas crever le jaune, passez la cuillère par dessous, enlevez l'œuf, mettez sur plat, tenez au chaud ; répétez l'opération autant de fois qu'il faudra d'œufs ; en dernier lieu, mettez dans la poêle trente grammes de beurre, mettez-le à point comme si vous vouliez cuire un œuf, retirez du feu, versez une cuillerée de bon vinaigre, couvrez immédiatement d'un couvercle ; lorsque le bruit a cessé, ajoutez un peu de sel et poivre, versez sur les œufs.

Œufs pochés.

Mettez sur le feu un plat à sauter de la contenance de deux litres, rempli d'eau légèrement salée, faites bouillir, cassez un œuf en tenant les mains très rapprochées du bouillon ; laissez tomber très doucement; trois à quatre minutes suffisent ; enlevez avec l'écumoire et mettez l'œuf poché dans une terrine d'eau tiède ; recommencez l'opération jusqu'au nombre d'œufs nécessaire, ensuite égouttez-les sur un linge, placez-les sur un plat ou casserole à légumes. On peut les accompagner d'une sauce au beurre légère , d'une sauce tomate , purée d'oseille, hachis (voyez ces articles).

Œufs frits sauce tomate.

Mettez dans une petite poêle vingt centili-

Œufs frits.

tres de bonne huile, faites chauffer jusqu'à ce

qu'elle fume, penchez la poêle pour amener l'huile dans un seul endroit, cassez un œuf très frais sur une assiette, assaisonnez d'un peu de sel et poivre ; versez doucement dans l'huile bouillante, ramenez le blanc sur le jaune, roulez avec précaution, enlevez l'œuf, égouttez-le sur une serviette, recommencez l'opération autant de fois que vous voudrez d'œufs, dressez-les en couronne sur le plat et versez au milieu une sauce tomate (voyez *Sauce tomate*).

Nota. — Le jaune doit rester liquide, et le blanc doit être légèrement coloré.

Œufs à la poulette.

Cuisez pendant sept minutes six œufs dans leur coquille, retirez du feu, mettez-les dans de l'eau froide, faites refroidir entièrement, ôtez la coquille, coupez les œufs en quatre, ayez une sauce au beurre peu épaisse, ajoutez les œufs à la sauce (voyez *Sauce au beurre*) avec une cuillerée à café de persil haché et un petit filet de vinaigre. Chauffez bien, sans bouillir; servez.

Œufs mollets à l'oseille.

Cuisez pendant six minutes six œufs dans

leur coquille, refroidissez-les entièrement, ôtez leur coquille, mettez-les dans une petite casserole avec eau chaude salée ; au moment de servir, versez sur le plat une purée d'oseille et dressez les œufs dessus (voyez *Purée d'oseille*).

Œufs brouillés aux fines herbes.

Mettez dans une casserole quarante grammes de beurre ; cassez six œufs entiers bien frais ; ajoutez sel, poivre, deux cuillerées à bouche de lait, mettez à feu vif, fouettez avec un petit fouet d'osier jusqu'à ce que les œufs aient pris une certaine consistance, en ayant soin que le fouet passe partout ; ajoutez une cuillerée à café de persil haché, versez dans la casserole à légumes et garnissez de croûtons frits.

Œufs à la tripe.

Emincez trois moyens oignons, mettez-les dans une casserole avec quarante grammes de beurre, sel et poivre, faites revenir à feu doux pendant vingt minutes, ajoutez une cuillerée à bouche de farine, faites roussir, mouillez avec un quart de litre de bouillon, laissez mijoter dix minutes, ajoutez-y quatre œufs durs coupés en lames et une cuillerée à café de persil haché ; mêlez sans briser les œufs ; servez.

Œufs farcis.

Faites durcir six œufs, refroidissez, enlevez la coquille, coupez-les en deux, enlevez le jaune que vous pilez dans un mortier avec la même quantité de beurre, un peu de sel, poivre, muscade, une cuillerée à bouche de persil haché, emplissez les œufs avec cette farce, mettez ce qui reste au fond d'un petit plat devant contenir les douze moitiés d'œufs remplis, égalisez la farce au fond, mettez les œufs dessus debout, faites gratiner doucement au four et servez à part une sauce au beurre claire et dans laquelle vous ajouterez une cuillerée à café de vinaigre. On peut aussi servir une sauce tomate.

Œufs au lait.

Faites chauffer jusqu'à ébullition un litre de lait avec un petit morceau de vanille et cent grammes de sucre, mettez dans une terrine cinq jaunes d'œufs et deux œufs entiers, battez bien, versez-y le lait chaud en battant toujours, passez à plusieurs reprises à la passoire fine, mettez dans un plat creux de même capacité, ayez une casserole d'eau froide, mettez le plat dessus de manière que les bords dépassent et ferment bien la casserole ; faites chauffer sans bouillir ; lorsque l'appareil est pris, saupoudrez de sucre en poudre, faites prendre couleur au four sans ôter de la casserole, laissez refroidir.

Œufs à la neige.

Mettez à bouillir dans un plat à sauter deux litres de lait, cent grammes de sucre, un petit bout de vanille ; ayez six œufs, séparez les blancs des jaunes que vous réservez ; fouettez les blancs très ferme, ajoutez-y deux cents grammes de sucre en poudre, fouettez quelques secondes pour opérer le mélange, ôtez la vanille, prenez des parties avec une cuillère à peu près la grosseur d'un œuf, mettez dans le lait, qui ne doit faire que frémir, laissez deux minutes ; retournez, laissez encore deux minutes, égouttez sur un tamis, continuez l'opération jusqu'à la fin. Ajoutez aux jaunes cinquante grammes de sucre en poudre, travaillez un instant, délayez-les avec ce qui reste de lait, formez-en une crème anglaise (voyez *Crème anglaise*), laissez refroidir le tout ; au moment de servir, dressez les œufs en pyramide sur le plat, arrosez avec un peu de la sauce et servez le restant à part.

Omelette aux fines herbes.

Cassez six œufs dans une terrine, battez-les deux minutes avec un peu de persil haché, sel et poivre.

Mettez une poêle au feu avec quarante grammes de beurre, faites chauffer ; lorsque le beurre devient clair, versez les œufs ; d'une main remuez avec une fourchette, et de l'autre remuez la poêle ; lorsque les œufs sont presque cuits, retirez sur le coin du fourneau, repliez l'omelette en deux, posez une seconde sur le feu, renversez sur le plat.

Omelette au rhum.

Préparez une omelette comme il est dit à cet article, en supprimant les fines herbes et en ajoutant deux cuillerées à café de sucre en poudre ; finissez l'omelette, renversez sur plat, saupoudrez de sucre en poudre ; mettez sur le plat quatre cuillerées de bon rhum, mettez-y le feu, servez flambant.

Omelette aux confitures.

Préparez une omelette comme il est dit plus haut ; avant de la replier, étendez-y une couche de marmelade d'abricot, repliez l'omelette, mettez sur plat, saupoudrez de sucre en poudre et glacez avec une pelle rouge (on peut faire l'omelette avec toute autre espèce de confitures que l'abricot).

Omelette soufflée.

Mettez dans une petite terrine trois jaunes d'œufs avec cent grammes de sucre, un peu de zeste de citron, travaillez deux à trois minutes ; fouettez très ferme six blancs, mêlez les deux appareils sans trop briser les blancs, versez sur un plat ovale allant au feu, donnez à peu près la forme du plat ; faites une fente sur le dessus, poussez au four pendant douze minutes.

XI

DES LÉGUMES

Purée d'oseille.

Ayez trois livres d'oseille, enlevez les côtes dures, lavez bien, égouttez; mettez en ébullition dix litres d'eau dans un chaudron, salez, plongez-y l'oseille, laissez faire deux ou trois bouillons, égouttez sur le tamis de crin seulement quelques minutes; passez avec le petit pilon, recueillez la purée; mettez dans une casserole trente grammes de beurre, une cuillerée de farine, faites cuire trois minutes, mettez-y la purée d'oseille, chauffez bien, ajoutez trois œufs entiers en remuant jusqu'à parfait mélange, finissez par un petit morceau de beurre et goûtez pour vous assurer de l'assaisonnement.

Nota. — Si la purée devenait trop épaisse,

par suite d'une attente un peu longue, il faudrait la détendre avec un peu de lait.

Pommes de terre duchesses.

Procédez exactement comme pour les croquettes ; mais, au lieu de faire des cylindres, vous formez des ronds de la largeur d'une pièce de cinq francs et d'un centimètre d'épaisseur, ensuite faites-les rissoler dans une poêle avec du beurre clarifié (voyez *Beurre clarifié*).

Cette opération demande à être faite vite et au dernier moment ; les duchesses se servent comme garniture ou comme légume.

Pommes de terre frites soufflées.

Épluchez, lavez et essuyez les pommes de terre, coupez-les en lames d'un demi-centimètre d'épaisseur au plus, plongez-les dans la friture bien chaude, laissez frire deux ou trois minutes, égouttez-les, laissez reposer un moment, tenez toujours la friture bien chaude, plongez-les une seconde fois une minute, égouttez, saupoudrez de sel fin, servez.

Purée de pommes de terre.

Epluchez, lavez un litre de pommes de terre, mettez au feu à eau froide avec un peu de sel ; lorsqu'elles sont cuites, égouttez d'eau, mettez un petit morceau de beurre, écrasez-les, passez au tamis de crin, remettez dans la casserole sur feu, délayez avec du lait, mettez encore un petit morceau de beurre, goûtez, servez bien chaud.

Croquettes de pommes de terre.

Cuisez un litre de pommes de terre comme il est dit plus haut, égouttez, desséchez-les un peu sur le feu, ajoutez quarante grammes de beurre, sel, poivre, deux jaunes d'œufs, trois cuillerées de lait, travaillez le tout, passez au tamis de crin, prenez-en des parties environ une cuillerée, roulez sur une table farinée, formez-en de petits cylindres de deux centimètres d'épaisseur sur six de long ; trempez-les dans une panure à l'anglaise (voyez cet article) et ensuite dans la mie de pain ; au moment de servir, plongez-les dans la friture bien chaude, égouttez, servez ; les croquettes se servent comme garniture ou comme légume.

Pommes de terre à la maître d'hôtel.

Cuisez à l'eau salée une dizaine de pommes de terre moyennes ; lorsque les pommes de terre sont cuites, égouttez-les et enlevez la peau ; mettez dans une casserole quarante grammes de beurre, coupez les pommes de terre en rondelles, ajoutez une faible cuillerée de persil haché, sel, poivre ; sautez-les pour qu'elles s'imprègnent de beurre et que l'assaisonnement soit également réparti ; servez.

Pommes de terre au lait.

Cuisez à l'eau salée une dizaine de pommes de terre, comme il est dit à l'article précédent, épluchez et coupez en rondelles, tenez au chaud. Faites dans une autre casserole un roux avec trente grammes de beurre et une forte cuillerée à bouche de farine, cuisez cinq minutes, mouillez avec un demi-litre de lait, faites faire quelques bouillons, versez sur les rondelles de pommes de terre, ajoutez une faible cuillerée de persil haché, une prise de muscade, sel et poivre, remuez doucement pour ne pas écraser, tenez bien chaud ; servez.

Haricots secs.

Les haricots Soissons, flageolets, riz, boulots, rouges, se cuisent de même, c'est-à-dire à eau froide modérément salée; on reconnaît qu'ils sont cuits lorsqu'ils cèdent facilement à la pression du doigt; on les égoutte ensuite et on les saute dans un peu de beurre, sel, poivre et persil haché; ou, lorsqu'on les sert comme garniture, on peut les servir au naturel en les arrosant d'un peu de jus non dégraissé, comme par exemple pour le gigot.

Les cuissons de ces légumes sont très bonnes pour mouiller des potages, tels que potages à l'oignon, à l'oseille, etc.

On peut encore les faire tremper six à douze heures à eau froide et jeter ensuite cette eau; la cuisson en sera plus facile.

Lentilles.

Les lentilles se cuisent et s'accommodent de même.

Haricots verts à la maître d'hôtel.

Cassez les bouts, lavez, égouttez les haricots verts, ayez un chaudron d'eau bouillante un

peu salée, il faut au moins huit litres d'eau par
livre de haricots, jetez-les dans l'eau bouillante ; on reconnaît la cuisson lorsqu'ils cèdent
facilement sous le doigt ; égouttez-les et plongez immédiatement à l'eau froide, égouttez,
sautez dans un peu de beurre, sel, poivre, un
peu de persil haché.

Haricots verts à l'anglaise.

Les haricots à l'anglaise ne se refroidissent
pas ; on les cuit au dernier moment, on les
égoutte, on les met sur le plat et l'on verse dessus un peu de beurre fondu bien frais.

Haricots frais à la maître d'hôtel.

Les haricots nouveaux se cuisent à eau bouillante modérément salée ; on reconnaît la cuisson comme il est indiqué plus haut, on les
assaisonne comme les haricots secs.

Chicorée.

Epluchez et lavez la chicorée, ayez un chaudron d'eau bouillante salée, plongez-y la chicorée en ayant soin d'enfoncer les parties qui

surnagent ; on reconnaît qu'elle est cuite lorsque les plus gros morceaux s'écrasent sous le doigt. Egouttez, rafraîchissez ; pressez bien pour en exprimer toute l'eau, mettez sur le billot, hachez très fin ; mettez dans une casserole un petit morceau de beurre, une cuillerée à café de farine, faites cuire deux minutes, mettez-y la chicorée, faites bouillir, finissez avec un peu de beurre, sel et poivre, une cuillerée de lait ou de jus, selon que c'est au gras ou au maigre.

Epinards au beurre.

Comme la chicorée, les épinards ont besoin d'être cuits à grande eau, et, lorsqu'on en aura beaucoup à cuire, il vaudra mieux s'y prendre à deux fois. Epluchez, lavez et cuisez à eau bouillante, plongez à eau froide, égouttez de nouveau, pressez pour enlever l'eau, hachez et terminez comme la chicorée.

Artichauts sauce au beurre.

Enlevez la queue et les petites feuilles et coupez le bout des grandes, mettez à eau bouillante salée ; on reconnaît qu'ils sont cuits lors-

que les premières feuilles se détachent sans
trop d'efforts, égouttez et servez à part une
sauce au beurre (voyez *Sauce au beurre*).

Artichauts sauce à l'huile et vinaigre.

Cuisez comme il est dit plus haut, laissez
refroidir; servez avec une sauce à l'huile et
vinaigre.

Asperges en branches.

Grattez les asperges et coupez la pointe
extrême, lavez-les bien, faites-en des bottes
bien attachées, mettez à eau bouillante salée;
il faut de dix à quinze minutes d'ébullition;
mais, comme tous les autres légumes, la cuisson se reconnaît par la pression du doigt.
Egouttez sur un linge, dressez sur une serviette
et servez une sauce au beurre à part (voyez
Sauce au beurre).

Asperges sauce à l'huile et vinaigre.

Cuisez comme il est dit plus haut, laissez
refroidir et servez avec une sauce à l'huile et
vinaigre.

Asperges aux petits pois.

On emploie les petites asperges vertes, dites asperges à garniture ou pointes d'asperge. Cassez les bouts tendres, coupez en petits bouts d'un centimètre, lavez, cuisez à eau bouillante salée, dix à quinze minutes d'ébullition, égouttez, rafraîchissez, égouttez de nouveau et chauffez avec un peu de beurre frais, sel, poivre et une pincée de sucre en poudre.

Ainsi préparées, les asperges se servent comme légumes et comme garniture.

Petits pois à l'anglaise.

Versez un litre de petits pois dans quatre litres d'eau bouillante salée; faites bouillir sans interruption jusqu'à entière cuisson, égouttez, mettez dans la casserole à légumes et ajoutez un morceau de beurre frais dessus.

Petits pois à la française.

Ayez un litre de petits pois, mettez dans une casserole avec quarante grammes de beurre et deux litres d'eau froide, maniez le beurre et les pois de façon à en faire une masse compacte ; égouttez l'eau, ajoutez une laitue coupée en deux et ficelée, un oignon blanc, sel, poivre ; faites mijoter jusqu'à entière cuisson.

Mettez sur un couvercle gros comme une noix de beurre, une cuillerée à café de farine, mêlez bien le tout avec la lame d'un couteau ; ôtez l'oignon et les laitues, incorporez la farine et une cuillerée de sucre en poudre, laissez faire un bouillon, versez dans la casserole à légumes et mettez les laitues dessus.

Choux-fleurs.

Les choux-fleurs se cuisent à eau bouillante salée, au moins trois litres d'eau pour une tête moyenne ; la cuisson se reconnaît à la pression du doigt ; on les égoutte, on reforme la tête soit dans un bol, soit dans la casserole à légumes, et l'on verse dessus soit une sauce au beurre, soit une maître d'hôtel fondue.

Salsifis sauce au beurre.

Grattez les salsifis et mettez-les à mesure dans une terrine d'eau légèrement vinaigrée, égouttez-les, mettez-les à eau bouillante salée et une cuillerée de vinaigre, faites cuire, égouttez, coupez en petits morceaux de 3 ou 4 centimètres de long; mettez-les dans une sauce au beurre un peu claire (voyez *Sauce au beurre*), relevez par un filet de vinaigre, sel et poivre.

Salsifis frits.

Cuisez les salsifis comme il est dit plus haut, égalisez-les en bâtons de 10 centimètres de long, trempez dans la pâte à frire (voyez *Pâte à frire*), plongez dans la friture bien chaude; deux ou trois minutes suffisent, égouttez, saupoudrez de sel fin; servez très chaud.

Choucroute.

Ayez une livre de choucroute blanche, faites-la bouillir à grande eau pendant cinq minutes, égouttez et rafraîchissez, pressez fortement pour en exprimer toute l'eau, mettez-la à mesure dans une casserole, mouillez avec un peu de bouillon et du dégraissis de marmite, poivre. Laissez mijoter cinq heures et réservez dans une terrine pour le besoin.

Choux de Bruxelles au beurre.

Ayez un litre de choux de Bruxelles, coupez le bout du pied, enlevez les basses feuilles et mettez à mesure dans une terrine d'eau froide; lavez et égouttez.

Jetez-les dans un chaudron d'eau bouillante salée; ils sont cuits lorsqu'ils ne résistent plus à la pression des doigts; égouttez, faites chauffer 30 grammes de beurre dans un plat à sauter, mettez-y les choux, roulez-les pour qu'ils s'imprègnent de beurre, ajoutez sel, poivre et un peu de persil haché; servez.

Champignons farcis.

Ayez dix champignons un peu plus gros que ceux vendus communément à la livre; ôtez le sable des queues, lavez et essuyez bien, pelez rapidement, enlevez la queue, creusez un peu l'intérieur avec une cuillère à légumes, frottez immédiatement avec du citron; rangez les champignons sur un plat; hachez très fin deux moyennes échalottes, mettez-les au feu avec un peu de beurre dans une casserole de la contenance de deux litres, faites-les revenir blond ; hachez très fin les parures de champignons, mettez-les avec les échalottes, faites encore revenir cinq minutes ; faites tremper 100 grammes de mie de pain dans du lait, puis égouttez et pressez pour qu'il ne reste plus de lait, ajoutez aux échalottes ; travaillez et chauffez ; le mélange opéré, ajoutez un œuf entier et une cuillerée de persil haché, laissez épaissir un peu en remuant toujours ; pilez avec le dos d'un couteau une petite pointe d'ail avec gros comme une noisette de beurre ; ajoutez et opérez le mélange ; garnissez les champignons de manière que la farce se termine en pointe et dépasse le champignon de 2 centimètres ; saupoudrez de chapelure fine, rangez-les dans un plat allant au four, arrosez-les d'un peu d'huile d'olive ; au moment de servir, poussez au four chaud environ dix minutes, enlevez-les avec une fourchette et dressez-les autour de la pièce qu'ils doivent accompagner.

Champignons pour garniture.

Je ne parle ici que des champignons de couche ; l'emploi des autres variétés comestibles présente trop de dangers pour que je les conseille.

Mettez dans une casserole gros comme une noix de beurre, quatre cuillerées d'eau tiède, le jus d'un demi-citron, une pincée de sel.

Ayez une livre de champignons, ôtez le sable des queues avec un petit couteau, mettez dans une terrine ; l'épluchage terminé, lavez-les bien à eau froide, égouttez, essuyez-les, pelez-les rapidement et mettez-les aussitôt dans la cuisson indiquée plus haut, poussez à feu vif, faites bouillir deux ou trois minutes, versez dans une petite terrine, couvrez d'un papier.

Ainsi préparés, les champignons peuvent servir à toutes sortes de garnitures, et la cuisson est un précieux auxiliaire que l'on ne manquera pas d'employer dans les sauces de réduction.

Truffes pour garniture.

Il faut choisir les truffes bien fermes, noires et marbrées ; elles sont rarement bonnes avant décembre. Ayez une demi-livre de truffes, brossez-les doucement à eau froide pour enlever la terre; s'il y avait des trous où la terre soit restée, on prendrait la pointe d'un petit couteau pour l'enlever; rincez-les à plusieurs eaux, enlevez le plus légèrement possible la peau, mettez-les à mesure dans une petite casserole avec gros comme une noix de beurre, un peu de sel, un demi-verre de vin blanc et autant de bon jus; faites bouillir rapidement pendant deux minutes, versez dans une petite terrine, couvrez d'un papier, renversez une assiette par-dessus et réservez pour servir; si l'on devait les faire un peu d'avance, il serait bon alors de les mettre dans un vase plus hermétiquement fermé.

Les pelures hachées et cuites de même se conservent quelques jours en attendant leur emploi.

Pâte à frire.

Mettez dans une terrine un litre de farine et trente grammes de sel, délayez avec un demi-litre d'eau très doucement pour ne pas faire de grumeaux, ajoutez deux cuillerées d'huile d'olive et un blanc d'œuf fouetté; cette pâte doit être faite deux heures d'avance et peut se conserver plusieurs jours au frais.

Panure à l'anglaise.

On appelle panure à l'anglaise un mélange d'œufs et de beurre ; cassez un œuf dans une petite terrine, battez bien, ajoutez quarante grammes de beurre fondu, battez encore pour bien mêler et employez tout de suite.

Beurre clarifié.

Mettez dans une casserole la quantité de beurre dont vous aurez besoin, faites chauffer assez vivement ; lorsque la mousse est bien montée et que le beurre ne fait plus de bruit, passez dans la passoire fine et réservez.

Caramel.

Le caramel est le dernier degré de cuisson du sucre avant de brûler ; il est essentiel de bien surveiller cette opération ; mettez dans un petit poêlon cent grammes de sucre, un demi-verre d'eau ; poussez au feu, faites bouillir très vite ; lorsque le caramel arrive à son point, le bouillonnement devient bien moins rapide, et il prend au milieu du poêlon une couleur d'abord blonde , puis commence à brunir ; c'est à ce moment qu'il faut s'arrêter : retirez du feu, versez un demi-verre d'eau froide, remettez sur le feu pour faire fondre et réservez.

Ce caramel est de beaucoup préférable pour colorer le pot-au-feu à toutes les boules ou liquides plus ou moins vantés.

Croûtes de pain frit pour gibier.

Taillez un morceau de pain de mie (ou, à défaut, de pain de ménage) de dix centimètres de long sur cinq de large et un d'épaisseur, mettez un peu de beurre dans la poêle et faites revenir de belle couleur des deux côtés.

Macaroni à l'italienne.

Mettez, dans une casserole de la contenance de quatre litres, deux litres d'eau salée en ébullition, versez-y cent grammes de macaroni brisé en deux ou trois parties, faites blanchir pendant trente minutes ; égouttez, nettoyez la casserole, remettez le macaroni, mouillez avec quelques cuillerées de bouillon, faites mijoter ; lorsque le bouillon est absorbé, ajoutez trente grammes de beurre, cinquante grammes de parmesan et cinquante grammes de gruyère râpés, sel, poivre ; remuez avec précaution pour opérer le mélange, servez chaudement. Le macaroni demande à être fortement relevé.

Nota. — Si l'on veut le faire au maigre, on remplacera le bouillon par du lait et l'on terminera de même.

Macaroni au gratin.

Préparez un macaroni comme il est dit à l'article précédent, soit au maigre, soit au gras.

Beurrez légèrement un petit plat allant au feu, versez-y le macaroni, saupoudrez le dessus de deux cuillerées de parmesan râpé et d'un peu de chapelure par-dessus ; mettez quelques parcelles de beurre dispersées de manière à humecter le macaroni en fondant, faites gratiner dix à quinze minutes au four ou à feu dessus.

Macaroni à la milanaise.

Blanchissez jusqu'à entière cuisson cent grammes de macaroni dans deux litres de bouillon sans couleur, égouttez, coupez le macaroni en petits bâtons de quatre centimètres de long, remettez dans la casserole avec trente grammes de beurre, deux prises de mignonnette, gros comme un petit pois de poivre de Cayenne, sel ; tenez au chaud, agitez la casserole de temps en temps pour mêler le beurre, assurez-vous de l'assaisonnement, qui doit être relevé.

Formez un ragoût avec truffes coupées en lames, quenelles truffées, crêtes et rognons, têtes de champignons, par parties égales, de manière que le tout forme l'équivalent du macaroni.

Mettez dans le plat à sauter un demi-litre de sauce espagnole, quatre cuillerées de purée de tomate, opérez la réduction d'un quart, versez sur le ragoût, tenez au chaud ; au moment de servir, versez le tout sur le macaroni, mêlez avec précaution, versez dans une casserole à légumes ou une croûte à timbale (voyez *Croûte à timbale*) et garnissez le dessus avec quelques escalopes de foie gras.

Nouilles.

Les nouilles se préparent comme le macaroni, mais demandent moitié moins de temps pour les cuire.

Cette pâte se fait : demi-litre de farine, deux œufs entiers, une prise de sel et trois cuillerées d'eau; pétrir cette pâte, l'abaisse très mince, et en faire des bandes, pour les couper ensuite comme une julienne, les faire sécher et réserver.

XII

DES ENTREMETS SUCRÉS

Gâteau de riz.

Lavez à eau tiède soixante grammes de riz, égouttez, mettez dans une casserole avec un demi-litre de lait, soixante grammes de sucre, un petit bout de vanille ; faites mijoter trois quarts d'heure, retirez du feu, ôtez la vanille, ajoutez deux jaunes d'œufs, deux cuillerées de lait froid et deux blancs fouettés ; ayez un moule uni dit moule à charlotte, beurrez-le et saupoudrez-le de chapelure, versez le riz, poussez au four vingt à trente minutes, selon la chaleur du four, démoulez, mettez sur plat.

On peut l'aromatiser avec rhum, kirsch, fleur d'oranger, etc. ; on peut l'accompagner d'une crème anglaise (voyez *Crème anglaise*) ou d'un jus de groseilles, framboises, purée de prunes, d'abricots, de poires.

Croquettes de riz.

Cuisez soixante grammes de riz comme il est indiqué plus haut, retirez du feu, ajoutez deux jaunes d'œufs, une cuillerée à bouche de lait froid ; prenez-en des parties avec une cuillière, mettez sur une table farinée, roulez, ornez-en des cylindres de six à huit centimètres de long sur deux d'épaisseur, trempez dans la panure à l'anglaise (voyez cet article) et ensuite dans la mie de pain ; au moment de servir, plongez dans la friture bien chaude ; égouttez, mettez sur serviette et accompagnez des sauces, jus ou purées indiqués au gâteau de riz.

Soufflé de fécule.

Délayez deux cuillerées à bouche de fécule avec cent grammes de sucre en poudre et un demi-litre de lait, ajoutez un petit bout de vanille, tournez sur le feu, laissez cuire deux minutes, retirez du feu, ôtez la vanille, incorporez trois jaunes d'œufs et trois blancs fouettés, versez dans la casserole à légumes si elle est en métal ; sinon, versez dans le moule à charlotte, poussez au four environ un quart d'heure ; le soufflé doit doubler de volume ; saupoudrez de sucre en poudre, servez sans démouler et sans attendre.

Pots de crème au chocolat.

Ayez six pots à crème, mesurez trois pots de lait, faites fondre trois tablettes de chocolat dans un peu d'eau, ajoutez le lait et trente grammes de sucre, faites faire un bouillon, retirez du feu, mettez dans une terrine six jaunes d'œufs, une cuillerée de lait froid, mêlez bien, ajoutez la crème, passez deux fois à la passoire fine, emplissez les pots, rangez-les dans un plat à sauter, mettez de l'eau froide jusqu'à un centimètre du bord des pots, faites chauffer, lorsque l'eau est près de bouillir, retirez sur le coin du fourneau, couvrez et laissez jusqu'à ce que la crème soit prise, ôtez les pots et laissez refroidir.

Pots de crème au café.

Ayez six pots à crème, mesurez cinq pots de lait, 100 grammes de sucre, faites bouillir, ajoutez-y un pot de grains de café grossièrement écrasés avec le rouleau à pâtisserie ou une bouteille; laissez infuser vingt minutes, préparez six jaunes d'œufs dans une terrine, une cuillerée de lait froid, versez l'infusion en remuant bien, passez deux fois à la passoire, mettez en pots, finissez comme les pots de crème au chocolat.

Pots de crème à la vanille.

Les pots de crème à la vanille se font de même, en supprimant le café et en faisant infuser un petit bâton de vanille dans le lait.

Crème renversée caramel.

Faites chauffer jusqu'à ébullition un litre de lait avec 100 grammes de sucre et un petit bout de vanille, mettez dans une terrine six jaunes d'œufs et quatre œufs entiers, battez bien, ajoutez l'infusion, battez encore, passez deux fois à passoire ; ayez un moule à côtes de même capacité, beurrez-le bien avec du beurre clarifié tiède (voyez *Beurre clarifié*), versez l'appareil dans le moule, mettez une planchette dans une casserole, le moule par-dessus, mettez de l'eau jusqu'à 2 centimètres du bord, mettez au feu, faites prendre sans bouillir, la casserole couverte ; laissez refroidir un quart d'heure avant de démouler et servez soit avec une crème anglaise, soit avec un caramel (voyez ces articles).

Beignets soufflés.

Mettez dans une casserole de la contenance de deux à trois litres vingt-cinq centilitres d'eau, vingt-cinq grammes de sucre, quatre-vingts grammes de beurre, une écorce de citron, une prise de sel ; mettez en ébullition ; au premier bouillon, retirez l'écorce et ajoutez d'un seul coup cent soixante grammes de farine tamisée ; remuez aussitôt et rapidement pendant quatre à cinq minutes sur le coin du fourneau ; ajoutez un œuf entier, faites le mélange, ajoutez-en un autre, puis un troisième en travaillant fortement à chaque œuf.

Beurrez un grand couvercle, étendez la pâte dessus, trempez le crochet de l'écumoire dans la friture chaude, prenez avec une partie de pâte grosse comme une noisette, faites-la tomber dans la friture et recommencez l'opération jusqu'à ce que la poêle soit pleine aux deux tiers, remuez avec l'écumoire ; lorsque la friture est bien à point, il faut quatre à cinq minutes pour une opération.

Les beignets doivent être colorés, bien ronds et quadruplés de volume ; les égoutter, les servir sur un plat et saupoudrer de sucre en poudre.

Beignets de pommes.

Ayez deux pommes de reinette, pelez-les et coupez en sept ou huit rondelles chacune, étendez les rondelles sur une table et enlevez les pépins et les cellules avec un emporte-pièce ; mettez les rondelles à mesure sur une assiette ou un plat, saupoudrez d'un peu de sucre en poudre, arrosez avec une cuillerée de bonne eau-de-vie ou rhum, trempez chaque morceau dans la pâte à frire (voyez *Pâte à frire*) et plongez à friture chaude ; ayez soin de les retourner; trois minutes suffisent; égouttez sur un linge, dressez sur plat, saupoudrez de sucre en poudre.

Beignets de pêches, abricots.

On fait aussi des beignets de pêches et d'abricots; on coupe ces fruits par quartiers, on les fait macérer un peu avec sucre en poudre, rhum, eau-de-vie ou kirsch, et ensuite finir comme les beignets de pommes.

Pommes au beurre.

Ayez six pommes de reinette, videz-les avec le vide-pommes, pelez-les, beurrez un plat d'office qui les contienne juste, placez-y les pommes, bouchez le trou avec un petit bâton de beurre, saupoudrez de sucre en poudre, ajoutez deux cuillerées d'eau sans mouiller les pommes, poussez au four doux; lorsque les pommes sont cuites, garnissez-les chacune d'un petit croûton et arrosez-les avec quelques cuillerées de sirop de groseilles.

Pommes meringuées.

Ayez huit belles pommes de reinette, pelez,

divisez en six ou huit morceaux; enlevez les pépins et les cellules, mettez à mesure dans une casserole, ajoutez-y soixante grammes de sucre, un peu de zeste de citron, vingt grammes de beurre, trois cuillerées d'eau, faites fondre à feu doux; lorsque la purée est faite, laissez refroidir, puis versez dans un petit plat allant au feu, lissez avec un couteau; fouettez très ferme deux blancs d'œufs, ajoutez-y 90 grammes de sucre en poudre, mêlez bien, étendez la meringue sur les pommes, lissez-la, saupoudrez légèrement de sucre en poudre, faites sécher à four doux.

Charlotte de pommes.

Faites une purée de pommes comme il est dit à *Pommes meringuées*, en raison du moule que l'on veut remplir et en la tenant très serrée, c'est-à-dire bien réduite et en augmentant le beurre dans des proportions convenables; ayez un pain de mie, découpez un rond pour faire le fond du moule, et un certain nombre de petites bandes de 3 centimètres de large et de la hauteur du moule, le fond compris; trempez légèrement dans du beurre clarifié tiède (voyez *Beurre clarifié*), posez d'abord le fond, puis les lames debout et chevalées, c'est-à-dire que la seconde recouvre la première de 1 centimètre. Versez la purée de pommes et ne remplissez que juste au niveau des lames de pain, poussez à four gai.

Il faut environ vingt minutes pour colorer les croûtes ; démoulez.

Charlotte russe.

Garnissez un moule à charlotte avec des biscuits à la cuillère en commençant par le fond, ensuite la paroi intérieure en les tenant debout et le dessus appuyé au moule, et en parant les biscuits sur les côtés pour qu'ils se soudent bien ; lorsque le moule est plein, coupez les bouts qui dépassent à la hauteur du moule, emplissez-le avec un appareil à bavarois à la vanille (voyez plus bas), et faites prendre sur glace comme il est dit à cet article.

Bavarois à la vanille.

Faites une crème anglaise (voyez *Crème anglaise*) avec six jaunes d'œufs, un morceau

de vanille, 150 grammes de sucre, 25 centilitres de lait; laissez refroidir. Otez la vanille,
mettez 15 grammes de gélatine à tiédir dans
une petite casserole avec deux cuillerées
d'eau, agitez de temps en temps avec une
fourchette; lorsque la gélatine est fondue,
versez-la dans la crème anglaise en la passant
à la passoire fine, ajoutez aussitôt 1 litré de
crème fouettée à la Chantilly et 50 grammes
de sucre en poudre, mêlez bien, versez dans
un moule à bavarois, emplissez-le, mettez un
couvercle dessus, mettez-le dans une terrine
avec quelques poignées de sel gris et assez de
glace pilée pour le couvrir; deux heures suffisent largement pour qu'il soit pris. Alors,
enlevez le moule, versez un peu d'eau tiède
sur le couvercle pour le détacher, lavez bien
le moule, trempez-le entièrement à eau chaude,
mais pas trop chaude pourtant, essuyez le
moule, mettez sur plat garni d'une serviette,
essayez si le moule s'enlève bien; s'il résis-
tait, il faudrait recommencer l'opération, qui
doit être menée rapidement; le moule enlevé,
servez.

XIII

DE LA PATISSERIE

Tarte aux cerises.

Mettez sur la table 150 grammes de farine, faites un trou au milieu, ajoutez 40 grammes

Manière de border la pâte sur le plafond.

de beurre, 40 grammes de sucre en poudre, un jaune d'œuf, deux petites cuillerées d'eau.

délayez le tout, formez-en une boule, laissez reposer une heure. Beurrez un plafond et un cercle à tourtière, mettez le cercle sur le plafond, abaissez la pâte à 3 millimètres d'épaisseur, garnissez le cercle, coupez ce qui dépasse; ayez des cerises, ôtez les queues et les noyaux, rangez-les dans la tarte un peu serrées; lorsqu'elle est pleine, ajoutez deux fortes cuillerées de sucre en poudre bien dispersé, poussez au four, environ vingt minutes de cuisson; ôtez le cercle, laissez refroidir.

Tartes aux prunes, abricots, purée de pommes.

Les tartes aux prunes, abricots, purée de pommes se font de même.

Tarte aux poires.

Les tartes aux poires se font avec la même pâte; mais il faut cuire les poires dans un peu d'eau peu sucrée et un jus de citron; on les range ensuite dans la tarte; on cuit de même, et après cuisson on arrose les poires avec le jus, que l'on fait réduire jusqu'à consistance de sirop.

Gâteau plomb.

Mettez sur la table 250 grammes de farine passée au tamis, faites un trou, mettez-y 200 grammes de beurre, 8 grammes de sucre en poudre, 8 grammes de sel, un œuf entier et un demi-verre de crème au lait. Délayez, formez-en une boule, fraisez, c'est-à-dire écrasez la pâte avec la paume de la main par petites parties, ramassez en boule, laissez reposer une heure. Abaissez la pâte à 1 centimètre d'épaisseur de forme bien ronde, ciselez le bord, dorez, faites des losanges sur le dessus, poussez au four, trente minutes de cuisson ; couvrir d'un papier beurré si le four est trop chaud.

Galette de ménage.

Mettez sur la table 250 grammes de farine tamisée, faites le trou, mettez-y 150 grammes de beurre, 5 grammes de sel ; pétrissez avec un demi-verre d'eau et tenez en réserve un autre demi-verre pour ajouter par petites parties pendant l'opération, fraisez une fois ; la pâte doit être bien lisse ; laissez reposer une heure, abaissez la pâte, formez la galette, dorez, évitez qu'il ne tombe de la dorure sur les bords, faites le dessin avec la pointe d'un petit couteau. Poussez au four une demi-heure.

Tot-fait, dit aussi gâteau quatre quarts.

Mettez dans une terrine 125 grammes de sucre en poudre, deux œufs entiers, un peu de zeste de citron râpé ou haché très fin, 125 grammes de farine tamisée et, autant que possible, bien sèche; travaillez le tout cinq minutes, ajoutez 125 grammes de beurre fondu, opérez le mélange, versez dans un plat bas bien beurré, poussez au four; trente minutes de cuisson; démoulez, laissez refroidir.

Biscuit de ménage.

Mettez dans une terrine 125 grammes de sucre en poudre, deux jaunes d'œufs, une cuillerée à café d'eau de fleur d'oranger, travaillez pour rendre l'appareil bien mousseux, ajoutez 125 grammes de beurre bien frais légèrement fondu, trois blancs d'œufs fouettés très ferme et en dernier lieu 100 grammes de farine et

25 grammes de fécule tamisées ensemble ;
opérez le mélange avec précaution, beurrez un
moule uni, bas, versez et poussez au four,
trente minutes de cuisson à four doux ; on
s'assure de la cuisson d'un biscuit en piquant
une aiguille à brider dans le biscuit ; s'il est
à point, l'aiguille doit en sortir sèche.

Pâte à dresser pour croûtes de pâtés et timbales.

Tamisez sur la table 500 grammes de farine, faites un trou au milieu, mettez-y
150 grammes de beurre manié dans un linge,
quatre jaunes d'œufs, 2 décilitres d'eau, une
prise de sel, environ 15 grammes ; divisez le
beurre par petites parties ; incorporez peu à
peu le beurre, les jaunes, le liquide et la farine ; l'opération terminée, rassemblez la pâte,
fraisez-la deux fois, ramassez-la en boule
ronde et lisse et laissez-la reposer deux heures
en lieu frais.

Croûte à timbale.

Ayez un moule à charlotte beurré, garnissez-le avec une abaisse de pâte à dresser

(voyez plus haut) d'environ 1/2 centimètre d'épaisseur ; faites dépasser le haut du moule d'un centimètre, pincez avec la pince à pâtisserie, emplissez avec des noyaux de cerises, de l'avoine ou de l'orge ; dorez le bord visible, poussez à four gai ; une demi-heure à quarante minutes doivent suffire ; retirez du four, enlevez et nettoyez bien l'intérieur, remettez à l'entrée du four pour sécher, démoulez et réservez pour le moment de vous en servir.

Pâte feuilletée.

Tamisez sur la table 250 grammes de farine, faites le trou, ajoutez une pincée de sel, 15 centilitres d'eau, incorporez la farine avec précaution pour ne pas corder la pâte, ramassez en boule, laissez reposer un quart d'heure. Pendant que la pâte repose, maniez 250 grammes de beurre à la main en hiver, et en été dans un linge. Prenez la pâte, mettez-la sur la table farinée, pressez en donnant de petits coups avec la paume de la main, de manière à en former un rectangle ; faites-en autant du beurre, posez-le sur la pâte, ramassez les

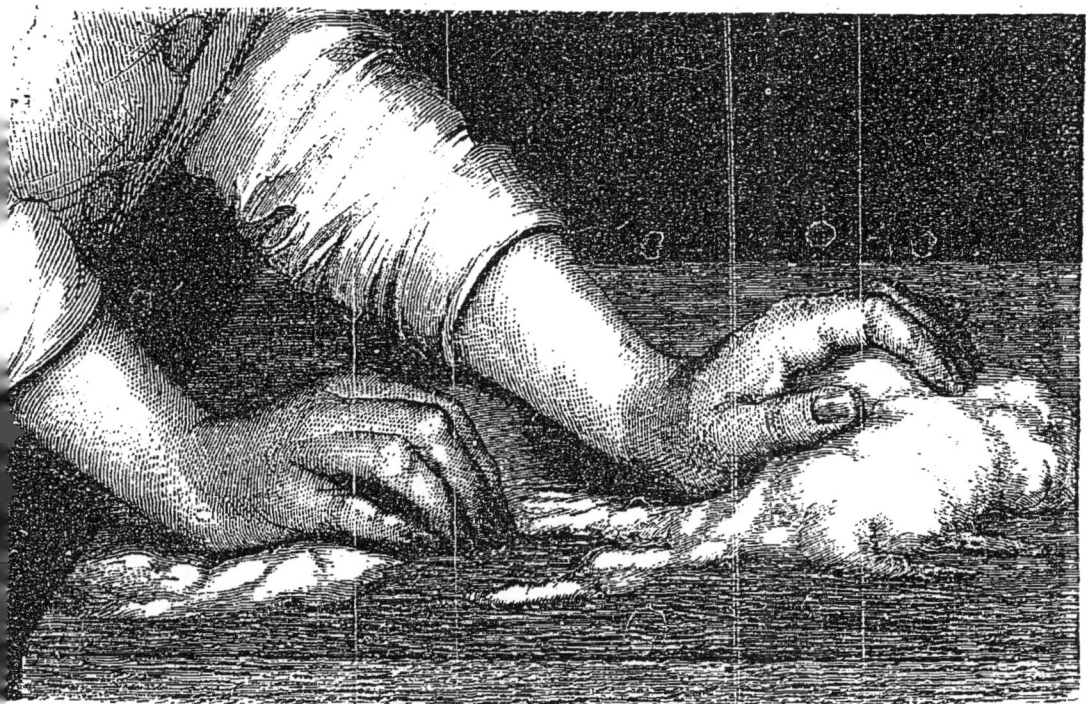

Manœuvre du fraisage de la pâte.

quatre extrémités de la pâte sur le centre du beurre, rapprochez-les assez pour qu'ils se soudent et l'enveloppent complètement, saupoudrez de farine ; alors, avec le rouleau, abaissez cette pâte de façon qu'elle soit au

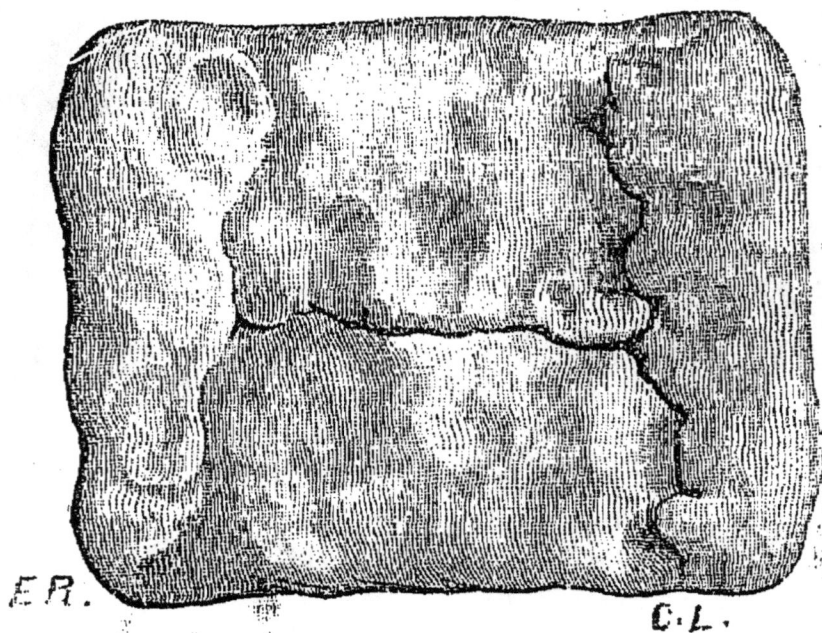

Feuilletage. — 1re opération.

moins trois fois plus longue que large, repliez le bout opposé d'environ les deux tiers, repliez encore l'autre bout par-dessus, de manière que la pâte soit pliée en trois ; répétez cette opération six fois de quart d'heure en quart d'heure ; dix minutes après le dernier tour, la pâte est bonne à employer.

Feuilletage. — 2e opération.

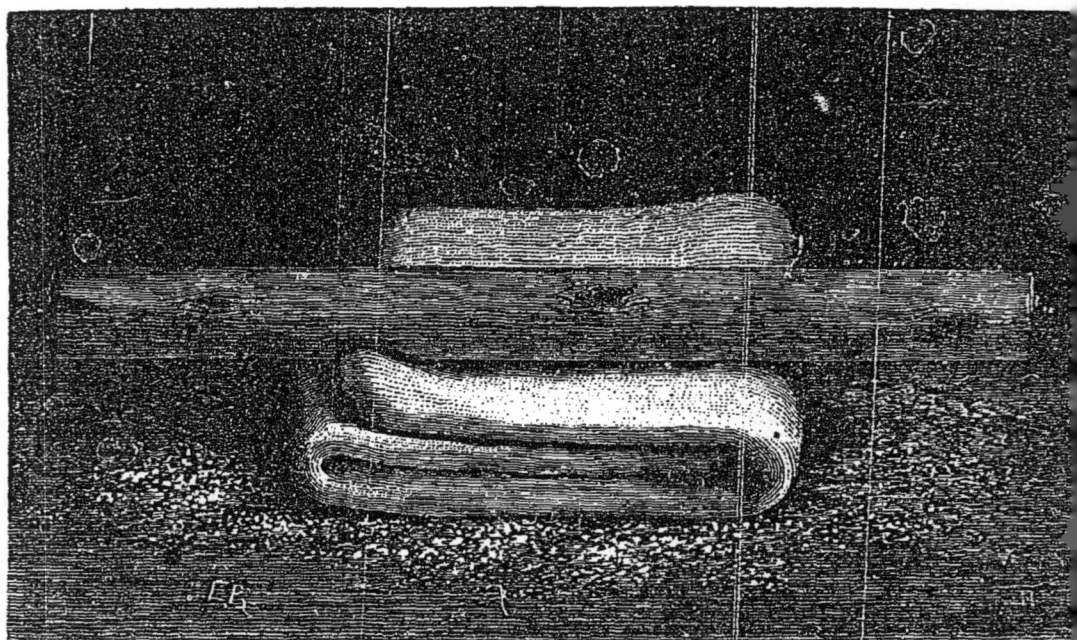

Feuilletage. — 3e opération.

Il est absolument nécessaire que le beurre ne sorte pas de la pâte et que l'abaisse soit toujours faite également ; un lieu très frais est absolument nécessaire aussi en été, et il faut encore avoir soin que le beurre soit de la même consistance que la pâte détrempée.

Pâte demi-feuilletée.

On emploie le plus souvent les rognures de la pâte feuilletée ; mais on peut la faire exprès en employant la moitié du beurre indiqué à la pâte feuilletée pour la même quantité de farine, et l'on donne huit à neuf tours au lieu de six.

Dorure.

La dorure est un œuf cassé dans une petite terrine et battu ; on l'étend ensuite avec un petit pinceau.

XIV

DES CONSERVES ET CONFITURES

Conserves d'oseille.

Cette conserve se fait au mois d'octobre ; les personnes qui ont de l'oseille en bordure dans leur jardin devront la faire couper en juillet ou en août, afin de n'employer que les jeunes pousses, qui sont bien moins chargées d'oxalate de potasse que les vieilles feuilles poussées avant et durant les grandes chaleurs.

Otez les côtes dures, lavez à grande eau, égouttez, blanchissez à eau bouillante et salée, laissez faire deux ou trois bouillons, égouttez sur un tamis, passez ; remettez dans une casserole à fond épais, salez, faites dessécher de façon à avoir une purée très consistante, mettez ensuite dans des pots à confiture hauts, tassez en frappant le fond du pot sur un torchon ramassé en boule, laissez environ 2 centimètres de vide ; lorsque la purée est refroidie, remplissez le vide par une couche de graisse bien clarifiée, tiède ; recouvrez d'un papier, mettez une ficelle et tenez au frais ; cette purée se conserve parfaitement jusqu'au mois d'avril.

Lorsqu'on veut l'employer, on ôte la graisse de manière qu'il n'en reste aucune parcelle, et l'on finit comme pour l'oseille fraîche en tenant compte du sel.

Cette conserve, très peu coûteuse et facile à faire, est une précieuse ressource pour les mois d'hiver.

Purée de tomate en bouteilles.

Otez les queues, lavez les tomates, pressez-les avec la main pour en faire sortir les semences, mettez à mesure dans une grande casserole ou marmite avec un peu d'eau ; salez, ajoutez une ou plusieurs feuilles de laurier selon la quantité, faites mijoter deux heures à feu doux, égouttez et passez au tamis de crin ; si la purée était trop claire, remettez-la sur le feu pour la réduire jusqu'à la consistance d'une sauce épaisse ; laissez refroidir et mettez-la dans des bouteilles à conserves de 25 à 30 centilitres de capacité ; ayez des bouchons de bonne qualité, frappez-les pour les ramollir, enfoncez-les avec force, assurez-les avec une ficelle ; mettez les bouteilles au feu dans un chaudron, à eau froide avec une petite planchette percée ou une claie d'osier au fond pour que les bouteilles ne soient pas en contact avec le chaudron, maintenez-les debout, soit en les entourant de torchons, soit avec du foin ; l'eau ne doit pas dépasser la hauteur de la purée dans les bouteilles ; il doit aussi rester un vide de quatre centimètres entre le bouchon et la purée. Faites bouillir un quart d'heure, laissez refroidir dans le chaudron. Lorsque les bouteilles sont refroidies, enlevez-les, essuyez-les, goudronnez-les et tenez-les au frais. Pour employer cette purée comme sauce, il n'y a plus qu'à la lier comme il est dit à la sauce tomate.

Cette purée ne se conserve qu'à condition d'être absolument privée d'air, ce que l'on obtient par l'ébullition, pourvu que les bouteilles soient hermétiquement bouchées.

Gelée de groseilles.

Il faut toujours choisir les groseilles bien mûres ; on peut mélanger les blanches et les rouges, on peut aussi les additionner de framboises, mais il ne faudra pas mettre plus d'un quart de framboises par livre de groseilles.

Je suppose deux kilos de groseilles égrenées mélangées ou non de framboises ; mettez-les dans une bassine de cuivre non étamé, avec un demi-litre d'eau ; mettez à feu doux pour faire crever les fruits et rendre leur jus ; cela fait, égouttez-les sur un tamis de crin très fin, pesez le jus, remettez-le dans la bassine nettoyée, ajoutez 500 grammes de sucre cassé en morceaux par 500 grammes de jus, faites bouillir à feu vif, écumez constamment. Il n'est pas possible d'indiquer le temps nécessaire pour la cuisson : généralement, cinq à huit minutes ; on peut en verser quelques gouttes sur une assiette : si elles ne s'écartent pas, la gelée est à point ; on peut encore tremper l'écumoire et l'élever au-dessus ; si les dernières gouttes se détachent difficilement, c'est encore un signe que l'on peut arrêter la cuisson et mettre en pots, puis laisser refroidir. Il ne reste plus qu'à les couvrir intérieurement d'un rond de papier trempé dans de l'eau-de-vie, et fermer les pots par un autre papier assujetti avec une ficelle et tenir en lieu sec et frais : l'humidité est aussi nuisible que la chaleur.

Gelée de framboises.

La gelée de framboises se fait de même; seulement on met un quart de groseilles par trois quarts de framboises. La quantité de sucre et la cuisson sont absolument semblables.

Gelée de pommes.

On peut faire de la gelée avec presque toutes les variétés de pommes ; mais les meilleures sont les reinettes et les calvilles.

Pelez et ôtez les pépins des pommes, mettez à mesure dans la bassine, couvrez-les d'eau tout juste, ajoutez le jus d'un citron par quatre litres d'eau, mettez au feu ; lorsque les pommes sont cuites, égouttez-les sur un tamis fin, pesez le jus, ajoutez 500 grammes de sucre par 500 grammes de jus, faites cuire, écumez avec soin; lorsque la gelée sera réduite d'un tiers à peu près, essayez comme il est dit pour la gelée de groseilles et finissez de même.

La marmelade qui reste peut être sucrée et utilisée pour flans, charlottes, pommes meringuées, etc.

Gelée de coings.

Il faut choisir les coings bien jaunes et bien sains; pelez et ôtez les pépins des coings, mettez-les à mesure dans une grande terrine d'eau, égouttez-les, mettez-les dans la bassine, couvrez-les d'eau tout juste, faites cuire très vite; lorsque les fruits sont cuits, égouttez-les sur un tamis fin, pesez le jus, ajoutez 500 grammes de sucre par 500 grammes de jus, et finissez comme pour la gelée de pommes.

Comme pour la gelée de pommes, cette opération demande à être menée rapidement pour ne pas donner aux fruits le temps de jaunir, ce qui influe d'une façon désavantageuse sur la couleur de la gelée.

On peut aussi utiliser la marmelade en la passant et la sucrant convenablement.

Confitures de cerises.

Otez les noyaux et les queues, pesez, ajoutez 250 grammes de sucre par 500 grammes de fruits, mettez le tout dans la bassine et aussitôt au feu ; faites cuire cinq ou six minutes en remuant avec soin pour ne pas briser les cerises, écumez bien et versez dans une terrine jusqu'au lendemain. Recommencez la même cuisson pendant huit à dix minutes, mettez en pots, et pour les couvrir finissez comme les autres confitures.

Nota. — On pourrait ne remplir les pots que jusqu'aux deux tiers et finir avec de la gelée de groseilles, que l'on verse dessus après que les cerises sont refroidies.

Marmelade d'abricots.

Choisissez les abricots bien mûrs, ouvrez-les en deux, ôtez le noyau, pesez, mettez dans une terrine avec 300 grammes de sucre en poudre par livre d'abricots, laissez macérer quelques heures, versez dans la bassine et faites cuire en remuant toujours et à feu vif; on reconnaît que la marmelade est arrivée à son point lorsqu'elle est devenue épaisse, bien liée et que, lorsqu'on trempe l'écumoire et qu'on l'enlève ensuite, il en reste une couche qui prend et la masque entièrement; mettez en pots, laissez refroidir et couvrez de papier, comme pour la gelée de groseilles.

Marmelade de prunes de reine-claude.

Choisissez les prunes bien mûres, 250 grammes de sucre par livre de prunes épluchées, et procédez comme pour la marmelade d'abricots.

Marmelade de prunes de mirabelle.

Procédez exactement comme pour les prunes de reine-claude.

Marmelade de pêches.

Pelez les pêches, ôtez les noyaux et procédez comme pour la marmelade d'abricots.

Cependant, comme ce fruit a peu de parfum après être cuit, il serait bon d'ajouter un petit morceau de vanille pendant la cuisson.

Marmelade de poires.

Les poires les plus estimées pour cette marmelade sont les poires d'Angleterre et de louise-bonne; mais il est quelques variétés de poires musquées, telles que amanlis, william, qui mûrissent en août et septembre et qui mollissent très vite et que l'on pourrait utiliser pour ne pas les perdre; mais il faut les prendre avant qu'elles commencent à devenir molles ou cotonneuses.

Pelez et ôtez les pépins des poires avec soin et rapidement, coupez-les en huit et longitudinalement, mettez-les à mesure dans une terrine, pesez-les, ajoutez 250 grammes de sucre par 500 grammes de fruits, un litre d'eau par cinq kilos de fruits et un demi-bâton de vanille, mettez à feu vif en remuant toujours; on reconnaît que l'opération est à point lorsque les morceaux se défont, que le sirop est devenu consistant et se détache lentement de l'écumoire.

Otez la vanille, mettez en pots, laissez refroidir, couvrez d'un rond de papier trempé dans de l'eau-de-vie, mettez un autre papier maintenu par une ficelle et gardez en lieu sec et frais.

FIN

TABLE DES MATIÈRES

V. — Du mouton.

VI. — Du porc.

VII. — Du gibier.

Lièvre.

Lapin.

Chevreuil.

Sanglier.

Faisan.

Perdreau.

VIII. — DE LA VOLAILLE.

Dinde.

Oie.

Poulet.

Canard.

Pigeons.

IX. — Du poisson.

Poissons de mer.

Poissons d'eau douce.

X. — DES OEUFS.

XI. — DES LÉGUMES.

XII. — Des entremets sucrés.

XIII. — De la patisserie.

XIV. — Des conserves et confitures.

FIN DE LA TABLE DES MATIÈRES.

COULOMMIERS. — Typ. PAUL BRODARD.

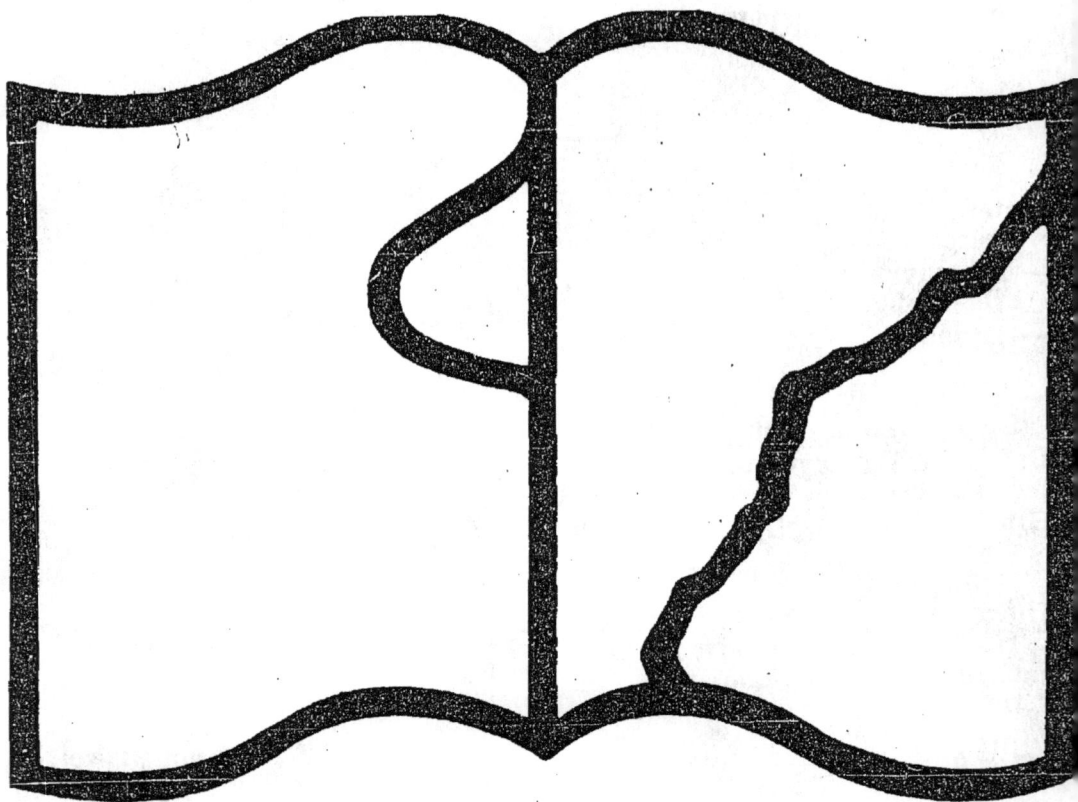

Texte détérioré — reliure défectueuse

NF Z 43-120-11